少年读懂用对
阿德勒的勇敢智慧

国莹 编著
九灵 绘

对方如何评价你，是对方的事，不要太过在意别人的评价。

我今天听到有人在背后议论我，他们是不是在批评我啊？

花山文艺出版社
河北·石家庄

图书在版编目（CIP）数据

少年读懂用对阿德勒的勇敢智慧 / 国莹编著；九灵绘. -- 石家庄：花山文艺出版社，2023.11
ISBN 978-7-5511-0547-7

Ⅰ. ①少… Ⅱ. ①国… ②九… Ⅲ. ①心理学－青少年读物 Ⅳ. ①B84-49

中国国家版本馆CIP数据核字(2023)第171192号

书　　名：	少年读懂用对阿德勒的勇敢智慧
	Shaonian Du Dong Yong Dui Adele de Yonggan Zhihui
编　　著：	国　莹
绘　者：	九　灵
责任编辑：	温学蕾
责任校对：	杨丽英
封面设计：	廖若淞
美术编辑：	王爱芹　杨　龙
出版发行：	花山文艺出版社（邮政编码：050061）
	（河北省石家庄市友谊北大街 330号）
印　　刷：	北京世纪恒宇印刷有限公司
经　　销：	新华书店
开　　本：	700毫米×1000毫米　1/16
印　　张：	12.25
字　　数：	145千字
版　　次：	2023年11月第1版
	2023年11月第1次印刷
书　　号：	ISBN 978-7-5511-0547-7
定　　价：	48.80元

（版权所有　翻印必究·印装有误　负责调换）

给家长和孩子的话

　　随着孩子慢慢长大，他们会发现自己生活的社会中有各式各样的人，自己的一举一动似乎都在别人的注视下，烦恼也就来了。

　　他们开始和朋友比较，开始在意别人的评价……长此以往，就很容易产生自己不够优秀、学习成绩不够好等心理认知偏差，从而导致自卑、怯懦的性格。

　　如何才能让孩子拥有积极向上的生活态度，接受不完美的自己、克服自卑呢？

　　心理学家阿德勒认为人的生活模式在童年时就已经建立起来了，童年的经历会对人产生重要的影响。

　　在童年时期，帮助孩子培养独立、自信、勇敢、不惧困难的品质，积极与他人、集体合作的能力，塑造健全的人格，就显得尤为重要。因此，我编写了《少年读懂用对阿德勒的勇敢智慧》这本书。

　　本书作者选取了阿德勒心理学的 30 个观点，并用浅显易懂的语言进行了新的诠释，再搭配有趣的故事和漫画来帮助孩子们巩固理解，能让孩子们在日后生活中遇到这些问题时，可以应对自如。比如：有必要为了让自己受欢迎去刻意讨好他人吗？和朋友意见不一致时该怎么办？需要在意别人对自己的看法吗？失败的时候，是沉湎于过去，还是勇敢改变……

我相信，每一个读完这本书的孩子，都会获得正确的价值观引导，克服自卑感，接受不完美的自己，学会与朋友相互信任，学会情绪管理，从容面对生活中的各种困难，以积极的心态迎接未来。书里的漫画非常有趣，希望孩子们喜欢。

目 录

2　抱着"自己受人喜欢"的态度生活
8　发生糟糕的事情，责怪别人是没用的
14　我们可以摆脱环境的约束，开拓未来
20　无论多么优秀的人，都会有自卑感
26　不满足就捣蛋，其实是渴望得到关注
32　有时候过分强调自己优秀，也是一种自卑的表现
38　冷静思考一下，就会发现事情没你想象的那么糟
44　要勇于接受自己是一个不完美的人
50　人无完人，要宽待他人的不完美
56　用愤怒的情绪驱使他人，是很幼稚的行为
64　大多数的烦恼都是人际关系的烦恼
70　在你的伙伴遇到困难时，试着给对方鼓鼓劲
76　学会尊重别人，才能更好地体会相互信任
82　信赖，就是无条件相信对方
88　比起夸奖对方，向对方表达感谢更有意义
94　把喜悦带给你身边的人
102　与你意见不同的人，其实不是想要批判你
110　帮助别人不是为了得到赞美和感谢
116　多考虑伙伴和集体，也会得到快乐

122	不要轻易否定别人,给别人泼冷水
128	逃避只会让你更孤单
134	信赖别人,也信赖自己,才能顺利摆脱困境
140	不断超越自己,才是真正的进步
146	太在意别人的评价,只会让你不开心
152	想要别人的帮助,最好主动说出来
158	团队协作中,不要总是等着别人主动
164	做一个乐观的人,而不是乐天派
170	大家都是从一次次失败当中成长起来的
176	与其逃到安全地带,不如勇敢面对
182	与其追究"谁错了",不如把时间花在解决问题上

一个人只有在为别人做事时才能找到自己存在的意义。

——阿德勒

抱着"自己受人喜欢"的态度生活

与其强迫自己成为受欢迎的人,不如告诉自己:"我很受欢迎。"当你变得开朗而自信时,周身散发的绚丽光彩会使你真正成为那个受欢迎的人。

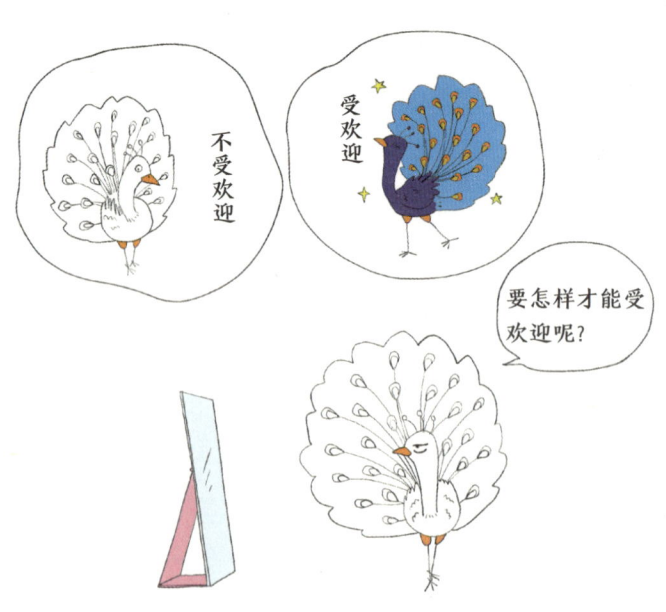

阿德勒说了什么

抱着"自己受人喜欢"这种生活态度的人,多半交友广阔。相反,总觉得"自己被别人讨厌"的人,则不善交际,很难交到朋友。长此以往,"自己果然被人讨厌"的念头也就越来越强。

新学期开始，二班要选新班长了。

下课后，豆丁兴冲冲地拉着同桌小旭去老师办公室报名，小旭连连摆手："不行不行，我干不了这个……"不过，不管他怎么拒绝，豆丁还是不由分说地给两人都报了名。

第二天，正式选举开始。参选的七名同学坐在教室第一排，他们要依次上台发言，最后赢得同学们票数最多的就是新一任班长。

豆丁第一个上台，他自信满满地开始了自己的演讲。

小旭在台下如坐针毡，写着上台顺序"2"的小字条被捏来捏去，都快被手心的汗湿透了。

"豆丁性格开朗，人缘好，朋友多，我看这新班长十有八九就是他了。"小旭羡慕地看着讲台上神采飞扬的豆丁，心里不禁一阵懊悔：我这种性格内向的小透明，平日里没什么朋友，也不招别人喜欢，来竞选班长不是自取其辱吗？

豆丁的演讲结束了，教室里响起了一阵热烈的掌声。

接下来，小旭站上讲台，结结巴巴地开始了自己的竞选宣言。

刚做完自我介绍，小旭就瞧见台下有两个同学在交头接耳，其中一个抬起头，似乎看了他一眼。"糟了，他们肯定是在笑话我。"小旭心想，大家一定在想，这种不招人喜欢的家伙来竞选班长，真是太可笑了！想到这儿，小旭就觉得满头冒汗，越发紧张，语无伦次，最后不得不草草收尾，满脸通红地回到了座位上。

竞选活动结束，果不其然，豆丁高票当选。

放学路上，豆丁安慰着闷闷不乐的小旭："没关系啦，下个月还要竞选其他班委呢，到时候你再参加。"

"唉，算了吧！我既不会说话，又不善于交际，别人根本就不会喜欢我。"小旭扭头对豆丁说道，"看你站在讲台上讲得那么流畅，我特别羡慕，可是我上台的时候，台下的同学都在小声议论，笑话我……"

"哈哈哈，你想太多了！"豆丁笑了，"你是说坐在我后面的丁丁和阿伦吧？他们没有笑话你，他们是在说，你比较适合当学习委员呢。"

"真的吗？"小旭觉得不可思议。

"是真的，自信一些，不要老往坏处想，老觉得别人不喜欢自己。"豆丁笑着说道。

自信在每个人的成长过程中扮演着至关重要的角色。不自信的人像鸵鸟一样将脑袋埋起来，做事的时候总是瞻前顾后，畏首畏尾，时间久了，就会陷入越来越糟的不良循环中；而那些自信的人靠着强烈而正面的自我暗示，能交到更多的朋友，做成更多的事情。

如果现在的你还处在不那么自信的阶段，不如就抱着"自己受人喜欢"这种态度生活。久而久之，你一定会交到更多朋友。

不要总往坏处想,觉得别人不喜欢自己。

发生糟糕的事情，责怪别人是没用的

"都是父母的错。""都怪朋友不好。""反正一切都是命。"……生活中我们难免会遇到挫折，有些人总会把责任推给家人、朋友，甚至推给命运。可是推卸给谁都解决不了眼前的困难，也不会在下一次遇到困难的时候有所好转。

阿德勒说了什么

　　把自己的不幸遭遇归咎于别人,归咎于命运,再怎么自怨自艾,糟糕的事情也不会好转。只有行动起来,改变自己的行为和想法,才能改变未来。每个人都有改变自己的力量,也就是改变未来的力量。因此,不要总是逃避,而要勇敢面对。

豆丁是学校足球队的队长，打前锋位置。最近连着两次训练赛，他状态不错，接连有进球，所以成功入选了海丰区中小学足球赛的最终名单。

在小组赛上，豆丁担任前锋，他所在的二小校队对阵同区三小校队。两队实力相当，交过几次手，今天，两队人马都拿出了最好的状态。

比赛开始了。双方队员你攻我抢，竞争十分激烈。

豆丁过于想拿球进攻，频频抢断失败，下半场还因为动作太大，得了一张黄牌。

黄牌到手后，豆丁不仅没有冷静下来，反而更急躁了，和队员们配合不好，传球不到位，最后，被王教练换下。

豆丁一下场就发起火来，狠狠地踢了一脚草坪："啊——气死我了！"

教练看到他状态不佳，就没有让他继续上场，最后两队打了平手，各积一分。

赛后，二小校队的更衣室里，气氛不是很好。

大家都有些沮丧，有两个人小声嘀咕着："禁区那么好的机会，唉……"

另一个人回复道："谁说不是呢！"

默默在一旁更衣的豆丁听到队员们这样讲，就以为在说自己，火气又上来了："你俩是在说我吗？"

两名队员马上否认了，这时教练进来了，把豆丁喊了出去。

王教练盯着豆丁说："火气那么大做什么？没赢球，还要赖别人头上吗？"

豆丁低着头不看教练,他压着怒火抱怨:"对方防守太强了,我一到禁区就被铲倒,主裁判也不吹哨!"

王教练说:"又开始怪裁判了是吗?上半场,防守队员给你创造机会的时候,你进球了吗?"

"我……"豆丁无法反驳。

"你还想怪谁?怪队友们不给力,还是怪我没安排好战术?"

"对不起,教练,是我的问题……"

"不要遇到一点儿事情就责怪这个,责怪那个……"

豆丁说:"教练,我太想赢了,对方防守顽强,我就越踢越急……"

王教练拍了拍豆丁的肩膀说:"做错了就要勇敢承担责任。不过,我也理解,这是第一场球,大家神经都有些紧绷。去吧,喊大家出来,我请大家吃饭,放松放松。"

"遵命!"豆丁打了一个敬礼,边跑边说,"教练,下次我们一定赢!"

无论你现在读几年级,在过去的学习和生活中也一定遇到过与豆丁类似的事情,做的时候尽力了,但结果不太理想,就怒火上升,把责任推给身边的人。

把问题推给别人,问题能得到解决吗?并不能。

只有勇敢面对自己的不足,行动起来,改变自己的行为和想法,我们才能往更好的方向发展。

不要总给自己找借口，推卸责任，多从自己身上找原因。

我们可以摆脱环境的约束，开拓未来

即便是生活在同一个环境中的亲兄弟，也会成长为完全不同的人。

我要是有老鹰那样的妈妈，说不定也能飞那么高了……

阿德勒说了什么

即使成长于相同的环境，人还是可以依照自己的意愿选择未来。然而，我们容易无意识地将现在的问题推给过去。

最近，芊芊迎来了她的新同桌——小米。

小米是从外地转学过来的，她很聪明，数学经常考满分，真是让芊芊羡慕死了。

但小米也有自己的苦恼，她英语成绩不好，尤其是口语，发音不太标准，每次在课堂上说英语，都有个别同学小声嘲笑她的发音，这让她更不想在英语课上回答问题了，每次上课都低着头，就怕老师提问她。久而久之，英语成绩不断下滑，她也越来越不喜欢英语课。

有一天，芊芊和小米在食堂吃饭，芊芊说起即将举行的英语周活动。小米突然皱紧眉头打断芊芊说："我们还是聊点儿别的吧，我现在听到'英语'两个字就头痛！"

芊芊一听这丧气话，就赶紧安慰小米："其实还好啦！英语一点儿也不难的。"

小米说："你们觉得不难，可我已经放弃了。"

芊芊说："你别管那几个讨厌鬼，他们英语说得磕磕巴巴的，还嘲笑你。再说，我可以帮你呀！"

小米说："帮不了的。我不像你，家里给你报了双语幼儿园，三岁就开始学英语。我小学三年级才开始学英语，老师发音又不标准……哪里赶得上。"

小米还悲伤地说："我只怪自己从小生活在小地方，没机会早点儿学……"

芊芊这时候也词穷了。

恰好英语老师在隔壁桌吃饭，她走了过来，拍了拍小米的肩膀：

"老师可以跟你们一起吃饭吗？"

两个人点头说好后，英语老师端着盘子坐下来，笑着说："我学英语更晚，是从初中开始的！到了大学，我才发现我的发音不仅奇怪，还带地方口音。后来，我就每天坚持听BBC英文广播，只要一有时间就去英语角练口语，结果你们知道了，我成了你们的英语老师。"

芊芊忍不住说："老师你太棒了！小米你看，你是三年级开始学英语，老师是初中才开始学的呢！"

看到小米放松一些了，老师接着说："从现在开始努力，完全来得及。"

我们每个人的出身和家庭环境都是不同的，但是无论生活在多么艰苦的环境里，都有人能够绝处逢生；无论生活在多么优越的环境中，也总有人责怪环境还不够优越，以致自己不能取得成功。

与其抱怨环境不好、自己条件没有其他人好，还不如着眼于未来，并从现在开始行动起来。要知道，每个人都有改变自己命运的力量哟。

抱怨周围的环境、自己的过去，对未来不会有任何帮助。

每个人都有改变命运的能力!

无论多么优秀的人，都会有自卑感

每个人都有自卑感。那么，自卑感是如何来的呢？

阿德勒说了什么

无论看起来多么优秀的人,多少都会感到自卑。

因为人总是无意识地给自己定一个目标:"我想成为这样的人""我想过这样的人生"……目标如果没有达成,自卑感就会油然而生。

小树最近报了一个数学辅导班，开班之前，机构要求进行一次摸底考试，再根据大家的考试成绩来进行分组教学。

小树自认为能分到中级班。

可是，没想到，考题比平时学的难多了，最后他被分到了基础班！

"天哪，我的数学有那么差吗？真是不比不知道啊，居然只能上基础班……"小树很受打击，觉得特别没面子。

他从走进基础班那一刻，就仿佛听到别人说，你看，平时自视甚高的小树也不过如此嘛。

小树都有点儿不想去了，太伤自尊了。

今天，他刚走出教室，就看到高级班的大鹏也垂头丧气的。

"大鹏，等等我。"小树喊道。

大鹏看到是小树，打了声招呼，双手扯着双肩包的肩带，闷闷不乐的。小树说道："大鹏，我看到你从高级班出来，你可真厉害！"

听到这话，大鹏脸上没什么喜色，他说："进了高级班也没什么值得高兴的。唉……"

小树很不理解。"那你瞧瞧我，还在基础班呢，我觉得特别丢脸……"

大鹏拍了拍小树的肩膀说："别这么说。我觉得你应该是对摸底考试轻视了，以你的实力，进中级班没问题的。而我，虽然进了高级班，可是排名垫底，好多题都不会做。"

"啊？怎么会？"小树很吃惊，大鹏可是班里数学成绩数一数二的同学。

"人外有人，天外有天嘛。"

晚上回到家后，小树跟妈妈说了他和大鹏的情况："真没想到，连成绩那么好的大鹏也会自卑，我感觉舒服多了。"

妈妈说："大鹏虽然在你们班成绩不错，但是全市的小学霸都聚集在高级班里，大鹏就显得不那么拔尖了，有些沮丧是正常的。而且，人人都有自卑感，没什么大不了的。"

是的，人人都有自卑感，哪怕是学霸也一样，即使在学习上没有自卑感，在其他事情上也会有自卑感。

自卑感的本质是忽视自己的优点，放大自己的缺点导致的错误自我认知。

自卑其实跟目标有关。大鹏给自己定的目标很高，他想要在高级班突出重围，在目标没有达成的时候，就会产生自卑、沮丧的情绪。不过，有自卑感也不是坏事，能激发我们的积极性。

我们要正确看待自卑感，不要一说起自卑就觉得不好。自卑感也有积极的一面，它能促使我们在达成目标的道路上努力变强，进而产生强大的内在力量呢！

即使再聪明的人，也会在某些方面有自卑感。

自卑感并不可怕，它可以激励我们变得越来越强。

不满足就捣蛋，其实是渴望得到关注

有些人一旦做了对的事情却没有得到关注，就会试图做点儿调皮捣蛋的事情，以求得到关注。

阿德勒说了什么

人一旦做了对的事情没得到关注，就会试图去做不对的事情，以求得到"负面关注"。这种思考方式只会让人生变得坎坷，无法得到幸福。

子涵这学期学习很认真，语文"瘸腿"的问题有了不小的改善，期中考试成绩有小幅进步，尤其是语文，以往老是在八十分左右，这次竟然考了九十二分！这让子涵很高兴，心里暗暗想着：老师和妈妈肯定会表扬我。

　　可是，妈妈参加完家长会，回来只是说了一句"语文老师表扬了你，说你很聪明，但是如果再勤奋点儿，成绩就会更好"。

　　听了这话，子涵很失望，自己明明都考到九十二分了，为什么老师还说我不够勤奋呢？唉，没劲。

　　第二天上语文课，子涵就没了精神头儿，回家后，看到语文作业也有点儿头痛，心想：我都努力考到九十二分了，大家好像没看到我的进步，还让我更勤奋一点儿。唉，人生也太难了……想着想着就有点儿犯懒，不想动笔。

　　接下来几天，子涵上语文课时都有点儿游离状态。

　　"子涵，你来背诵一下杜牧的《山行》。"

　　"啊？"子涵正在走神呢。

　　"山……"子涵的脸腾地就红了，他一句也背不出来，真是尴尬死了，恨不得钻进地缝里。

　　晚上回家，妈妈问子涵："老师反映说你最近上语文课特别不认真，老师让背诵古诗词，你也没完成，到底怎么了？"

　　子涵气鼓鼓地说："反正我再怎么努力，老师都说我不够勤奋，努力有什么意义呢？"

　　妈妈很惊讶："就因为这个？可……上次班主任不是夸了你成绩上

升了吗?"

"可是,她还批评我不够勤奋啊。"

"我的傻儿子,这怎么是批评呢?这是鼓励啊,老师和妈妈都知道你最近语文成绩进步了啊,鼓励你再勤奋点儿,考更高的分,你理解错了!"

"这……我以为老师和你根本没看到我成绩提高,就知道批评我。"

"所以因为没受到表扬,你就要自暴自弃了?"

"我……"子涵挠挠头,有点儿不好意思。

"学习和进步可不是为了获得表扬哟……"

"我知道了,妈妈。"

很多小孩都是这样,一旦无法得到"受人赞赏"这种正面关注,就会很失望,放弃努力,甚至以"遭到批评"这种方式求得负面关注。阿德勒爷爷认为,从某种意义上来说,正面关注和负面关注的目标是一样的,就是得到亲友和周围人的关注。

小朋友总想得到父母和师长的认同,如果努力后的成绩被忽视,就会陷入"拉倒"的状态。可是,这种思考方式只会让我们的学习和生活陷入更糟的境地。

记住,无论是否得到赞誉,都要积极努力下去哟。

不要为了得到关注，去做一些不好的事。

努力的目的是让自己的生活变得更好，而不是获得别人的关注。

有时候过分强调自己优秀，也是一种自卑的表现

"才没有这回事呢！我比别人优秀多了！"越是喜欢这样说的人，其实内心越是自卑。

我可是森林之王，没有谁比我更优秀！

阿德勒说了什么

　　不是每个人都会坦诚表达自卑，不少人反而会强调自己的优越感。这就是所谓的"优越自卑情结"，是一种变形的"自卑情结"。

　　真正自信的人不会刻意夸耀自己很优秀，强调自己优秀是自卑感的另一种表现。

豆丁最近上数学课总是走神儿，要不就是自己偷偷玩橡皮。有一天课间休息，同桌萱萱提醒他："豆丁，你最近怎么不好好听课呢？"

豆丁很不屑地回了一句："哎呀，老师讲的我都会了嘛！"

萱萱很吃惊："真的吗？你这么厉害呀！"

豆丁说："我三岁就读数学启蒙书了，五岁看逻辑思维网课，一份卷子你们做用半小时，我二十分钟就能做完。还有啊，网课的老师都夸我思维能力像个十岁的孩子。"

"那是因为他想让你继续报班吧？"

"哼，你懂啥。"豆丁生气地走了。

没过多久，数学老师就搞了一次随堂测验。一看到试卷，豆丁就傻眼了，这些题怎么都像没见过一样啊！

可想而知，豆丁的考试成绩很差。看到试卷上老师用红笔圈出来的六十九分，豆丁顿时皱起了眉头。

晚上回到家，看到妈妈一脸严肃，豆丁心想：完了。

妈妈问："为什么数学退步这么多？"

豆丁硬着头皮说："这次考试太难了。"

妈妈很严肃地说："数学老师跟我说，你最近上课老开小差，还在教室里跟同学吹嘘他讲的你早学会了，有没有这回事？"

豆丁低下了头说："我……我也想考个好成绩，可是我好像没别人聪明，没长个学好数学的脑子。"

妈妈拉着豆丁坐到沙发上说："你瞧瞧你，又说自己不够聪明，我看你是把聪明劲儿用在虚张声势上了。你这就是既想当学霸又不想努力。"

豆丁撇撇嘴，果然还是妈妈了解他。

像豆丁一样，有些孩子在感到自卑、觉得自己学不好某一门学科时，往往表现得很骄傲，很有优越感，假装自己不用学就掌握了所有知识点。

这就是阿德勒爷爷说的"优越自卑情结"。

有"优越自卑情结"的孩子，当无法摆脱自卑感时，就会在别人面前强调并不存在的优越感。

如果一个人无法正视真实的自己，长期陷在自己的"优越情结"当中，就会妨碍进步。大家可千万要警惕哟！

正视真实的自己。

真正优秀的人，不会把自己的优秀一直挂在嘴上。

冷静思考一下，就会发现事情没你想象的那么糟

虽说人人都有自卑的时候，可是过度自卑会让我们失去判断力，甚至认为周围所有人都不喜欢自己。

> 所有的小动物都不喜欢我，都不想和我做朋友。

阿德勒说了什么

克服过度自卑的方法,就是要冷静举证,用具体数字去确认才是最有效的方法。

比如"别人都讨厌我"这件事,只要冷静地想一想到底有哪些人讨厌自己,你会发现其实只有三五个人而已。

小美和童童关系一直很好，两个人几乎形影不离，可是自从童童换了新同桌欣欣后，就经常和欣欣一起玩，好像忘了小美这个朋友。

　　这让小美觉得被冷落了，心里很难受。

　　有一次，童童主动约小美，可身边却带着欣欣，这让小美更生气了，什么意思嘛！都有新伙伴了，还来找我！这是显摆吗？！

　　小美忍不住撂了句狠话："童童，我们再也不是好朋友了！"

　　和童童决裂后，两个人就再也不说话了，偶尔碰面就像见到陌生人一样。

　　小美很受伤，她再也不想交朋友了，反正好朋友早晚会离自己远去，既然如此，就一个人玩吧。

　　久而久之，小美好像真的变成孤家寡人了。

　　她甚至觉得班上的同学统统不喜欢自己，自己就是一个被众人讨厌的人！

　　这么一想，小美做什么事情都提不起精神，上课也无法集中注意力。就在这时，班主任王老师主动找小美谈心。

　　"小美，最近有什么心事吗？老是一个人孤零零的，也不跟其他同学一起玩。"

　　正处于情绪崩溃边缘的小美被老师这么一问，立刻就哭了起来。

　　听小美哭诉完前因后果，王老师耐心地对小美解释道："小美，你这是因为和童童关系闹僵，陷入了极度自卑的情绪。你想想看，班级里有谁真的讨厌你吗？"

　　"他们所有人都讨厌我……"

"哦？再冷静想一想，一个一个数数。"

小美想了想，说："童童肯定是第一个。"

"那你接着数。"

"好像……好像没有了。"

"其实童童也不讨厌你。你可能不知道，欣欣刚转学过来，性格内向，是我交代童童要尽量多跟她在一起，帮助她融入班级的，你想想，是不是误会了童童？"

"原来是这样。"小美没想到事情的真相居然是这样！

和老师谈完后，小美就主动找童童道歉了。

失去好朋友的童童也很难过，弄清楚缘由后，两人很快就和好了。

有时候，同学之间发生一件不愉快的小事，如果没有及时处理，小事就会变大，最后这件事就变得像石头一样重重地压在心里，不仅让我们喘不过气，甚至会产生自卑情绪，觉得全世界的人都不喜欢自己。

其实，只要冷静想一想，就会发现并没有那么多人讨厌你，反而总有人喜欢你、在意你。

其他事情也是一样。人生总会遇到这样那样的困难，当你觉得眼前的事情很难，自己情绪很差时，不妨冷静下来，对利弊和好坏逐条分析后，你就会发现事情根本没有你想象的那么糟糕，甚至在你理性分析后，难题的解决办法也就出来了。

心情不好的时候，冷静下来，好好分析一下，可能情况没有你想象的那么糟。

一天前

小刺猬和你一样，都极度自卑，不如你们试试交个朋友。

我虽然慢吞吞的，也没有朋友，可是我也不喜欢带刺的小刺猬呀。

小刺猬，我们做好朋友吧。

小刺猬，还有我！我肚皮很硬的，不怕你的刺。

我……我不会伤害你们，我……我会保护你们的。

放心吧，我帮你看着大鳄鱼。它不会咬你的。

小刺猬，你真好，我们做一辈子好朋友吧。

其实，很多人都喜欢你，只是你太在意那几个不喜欢你的人，没有意识到。

要勇于接受自己是一个不完美的人

要是成绩更好一点儿就好了，要是人缘更好一点儿就好了……有时候我们特别喜欢挑自己的毛病，总觉得这里不够好那里不够好。其实，人无完人。

> 要是长得再好看点儿，可能朋友就会多一些吧。

阿德勒说了什么

世上没有完美的人,要认同并喜欢有缺点的、真正的自己。接受真正的自我在心理学上称为"接纳自我"。拥有认同不完美的勇气,是接纳自我的必要条件。

责备一无是处的自己,永远无法得到幸福。唯有勇于认同现在的自己,才能成为真正的强者。

苗苗喜欢弹钢琴，每天都雷打不动地练琴。这让妈妈很高兴，不用监督，也不用陪着练，真是太让人省心了。

放暑假后，苗苗还主动和妈妈要求增加练习时间，因为她要考六级证书了。

妈妈和钢琴老师商量过后，给苗苗多加了几堂课，苗苗练得很认真，妈妈和老师都觉得苗苗考六级一定没问题。

可是，谁也没想到苗苗考试时没发挥好，弹得磕磕绊绊，在她终于弹完曲子，转身鞠躬的那一刻，眼圈都红了。

这可把妈妈心疼坏了，她赶紧迎上去安慰她："六级很难的，你就是太紧张了，没发挥好，下次，下次一定能考过！"

可是，妈妈的话并没有让苗苗的情绪好转，她默默流着眼泪，一声也不吭。

妈妈心疼死了，赶紧抱住女儿说："想哭就哭，哭鼻子不丢人。"

苗苗哽咽着说："丢人，我都这么大了还哭鼻子……而且，我六级也没过。"

妈妈说："大人在伤心难过的时候也会哭鼻子啊，这一点儿也不丢人，再说六级没过，还有下次啊。"

"可是，表姐一次就考过了……"

"表姐是一次就过了，可是还有好多人都要考好几次啊，还有人没到五级就放弃了呢。"

"我才不跟他们比呢！"

"你呀，就是对自己要求太高了。放松一点儿好吗？"

"我对自己要求高点儿不好吗？"

"可是，人无完人啊。你表姐虽然六级一次就过了，但她体育成绩很差，可是你看她，整天开开心心的，对不对？你学习好，跑步速度快，每天自己梳辫子，优点不要太多哟。"

"可是，我缺点也很多啊。"

"这世上没有完美的人。你要学会接受自己是一个不完美的人，这样才会快乐呀。"

"我知道了，妈妈。"

这世上没有完美的人，每个人都是优点与缺点并存。不过，有时候我们会对自己要求过高，把目光都放在了缺点上，缺点一个一个数过来，恨不得一夜之间就要把所有毛病全部改掉。

不如放松一点儿，如果对自己某方面不太满意，就试着去改进，但不是所有事情都要争第一名。

也不要无限放大某一个缺点，进而产生对自己不满意的想法。

我们需要的是自我认同。认同并接受有缺点的自己，这就是——认同不完美的勇气。拥有这种勇气的人，才能成为真正的强者。

如果觉得自己某些方面有欠缺，可以尝试改进，但不用苛求自己每件事都要做到完美。

咕嘟

咕嘟

还是不对,好像缺了点儿胡椒。

师傅可真是个完美主义者,明明中餐做得那么好吃,还非要做好西餐。

我可是森林里的顶级大厨,怎么就做不好罗宋汤呢?

怎么样?味道怎么样?

师傅,味道好怪啊。我想吃你做的炸酱面了。

人无完人,请认同不完美的自己。

人无完人，
要宽待他人的不完美

有时候宽待自己不是很难，但是宽待别人却不容易做到。其实，人无完人，对人对己，都应该宽容。

阿德勒说了什么

不仅要认同、接受自己的不完美，也要认同并宽待别人的不完美。不完美没什么不好，这样才有人味儿，也是可爱之处，我们应该随时保有这种宽大的胸襟。

上周桐桐因为生病请了两天病假，班主任老师叮嘱她好好休息，还说不用做作业了。桐桐本来觉得生病了还要写作业就有点儿心疼自己，听老师这么一说，顿时觉得老师非常善解人意！

桐桐安心养病，按时吃药，一会儿玩平板电脑，一会儿看电视，生病好像也没那么难受嘛！

几天后，桐桐也不发烧了，彻底痊愈了，她一身轻松地来到学校，没想到老师似乎忘记了自己说过的话，在课堂上批评桐桐没写作业。

这可把桐桐委屈坏了，明明是老师说过不用做作业的，怎么能出尔反尔呢？桐桐当时就想反驳老师，但是又觉得质问老师有点儿不礼貌，就忍住了没说，但是事后又后悔了，直到放学回家还在生闷气。

晚上回到家，妈妈问她怎么了。她就很委屈地讲述了事情的经过，一边说，一边责怪老师不守信用："这个老师，我以后再也不会听他的了！"妈妈安慰道："你们班上几十位同学，王老师事情多，忘了自己说过的话，你可以去找他解释一下，沟通好了，这事就不要再放在心上了。"

桐桐说："可是他自己错了，还当着大家的面批评我。"

"你应该当时就跟老师讲清楚。最好的沟通就是正面沟通、正面回应，而不是事后生闷气，抓住老师的错误不放。"

"我没想到老师会那么不讲道理嘛。我当时真的气炸了。"

"你这样生闷气，责怪老师不讲道理是最没有意义的。而且人无完人，老师也不是万能的，不能把什么事情都做到完美，是不是？"

"那倒也是。"

"那就宽容一点儿，原谅老师，别生闷气了好不好？"

"那我明天就去找老师解释清楚。"

对人宽容是一种品德，更是一种境界。

我们每个人都希望身边的朋友和老师能够理解自己，对自己说过的话负责，但人总会犯错，都会有这样那样的小毛病，老师和家长也不例外。学会用一颗宽容的心，去包容、去理解，方能给自己的心松绑，才不会陷入负面情绪里久久出不来。

这世上没有完美的人，当你犯错的时候，是不是也希望别人对你宽容一些呢？

同样地，当别人犯错时，我们也要懂得适可而止，给予他人多一点儿包容和理解。

因为别人犯的小错误而让自己陷入负面情绪，得不偿失。

瞧你平时慢吞吞的，没想到东西倒是带得很齐全！

那当然！

猴哥，这幅画送给你，祝你生日快乐！

谢谢！佩佩，我没想到你在为我画生日礼物！好感动啊，我以后再也不说你慢吞吞了。

宽容大度一点儿，摆脱负面情绪，多看看别人的优点，会让自己更快乐。

用愤怒的情绪驱使他人，是很幼稚的行为

"我只是气坏了""我刚刚被气昏了头"……这是我们发完脾气后常说的话。其实，所有愤怒的情感，都是为了将焦虑的情绪传达给对方、支配对方而使用的手段。

你俩气死我了，气死我了！

不要啊……太吓人了！

你可别爆炸啊……

阿德勒说了什么

所谓愤怒的情感，是为了将焦虑的情绪传达给对方，从而达到支配对方的目的。

使用感情的目的主要有两种：第一种是为了操控、支配对方，也就是用突然爆发的表情和态度威吓对方，操控与支配对方听令行事；第二种是为了达到刺激自己的目的，即借由使用感情一事，驱使自己行动。

"哎呀，奶奶，好疼！"一大清早，苗苗冲着正在给自己梳头的奶奶喊道，"头皮都快被你揪掉了！"苗苗气呼呼地站起来走出卧室，留下一脸错愕的奶奶站在原地。

"贝贝！快把你的小汽车拿走！别放在我的书桌上！"苗苗双手叉腰，气鼓鼓地站在书房门口，冲弟弟贝贝大声喊着。贝贝偷偷看了一眼仿佛爹毛狮子一样的姐姐，忙不迭地跑过去拿走小汽车。

"苗苗最近怎么了？火气也太大了。"家里人都很纳闷儿。

晚饭时间到了。

"妈妈，上次咱们在商场试的那条裙子买了吗？"苗苗夹了一口菜，抬头问妈妈。

"还没呢，最近没路过那个商场。"妈妈忙着盛饭，头也不抬地说道。

"我明天就要穿新裙子！"苗苗噘起了嘴巴。

"大晚上的我去哪儿给你买裙子？！"妈妈没好气地问。

"我不管！我就要穿新裙子！"苗苗气呼呼地把筷子一摔，转身跑回卧室，嘭的一声关了房门，留下其他人面面相觑。

爸爸示意其他人先吃饭，他去看看苗苗。

爸爸轻轻地敲了敲卧室门："苗苗，是爸爸，我可以进来吗？"

"哦，爸爸，进来吧。"爸爸等了好一会儿，里面才传来苗苗的声音。

"苗苗，爸爸发现你最近心情不是很好，能跟我说说发生什么事了吗？比如早晨奶奶帮你梳头发，你怎么就生气了呢？"爸爸坐在苗苗身旁轻声问道。

"我……我也没想生气……"苗苗哽咽着说,"早晨奶奶帮我扎辫子的时候可能绑得紧了点儿,我原本想说松一点儿的,可不知为什么张嘴就变成了发脾气。还有,贝贝的小汽车放在我的书桌上,我原本想告诉他收好自己的东西,免得下次玩的时候找不到,可是一张嘴就……"

"噢,爸爸明白了。"爸爸摸着苗苗的头发说道,"你是好意想提醒别人,只是说话的语气有些不合适……"

"可是,我看你们就经常这样说话呀。只要妈妈一发脾气,你就按照妈妈说的去做了。"

爸爸顿时语塞。他这才明白,平时自己和苗苗妈妈说话时不注意方式方法,明明可以好好说话,可经常一开口就变成了大声嚷嚷,无形中把坏情绪传递给了孩子。

"苗苗,对不起,这是大人的错,爸爸要向你道个歉。"爸爸认真地说,"不过,你要明白的是,这种靠愤怒、生气的情绪来支配别人的行为是不对的,即使有的时候发脾气的人能达到他的目的,但这种行为还是伤害了双方的感情。就拿小汽车这件事来说,虽然贝贝拿走了自己的小汽车,但你发了脾气,心里不舒服,贝贝被你训了一通,心里肯定也不舒服。生气是很正常的情绪,但是真正成熟的人,要懂得控制自己的情绪,而不是通过发脾气来命令别人。"

"嗯!"虽然还没有完全从生气的情绪中走出来,但苗苗还是认真地点了点头。

然后爸爸回到饭桌前，把和苗苗的对话告诉了妈妈，他们一家人达成了一个协议：努力克制自己的脾气，以后一定要和和气气地过日子。

我们在与人沟通的时候，偶尔对方会因为你的怒气而遵照你的意愿行动，然而，这样的"方法"看似有效，实则既伤害他人，又伤害自己，也就是大家常说的"损人不利己"。

常常使用愤怒这种情绪的人，他的朋友是很少的。

生气是正常的情绪，但是我们要学会处理愤怒的情绪，减少发火的频率。感到特别生气时，可以通过深呼吸或者转移注意力等方式来释放负面情绪；当感到情绪已经平静，没那么生气的时候，再用平静的语气和别人沟通，便会有事半功倍的效果。

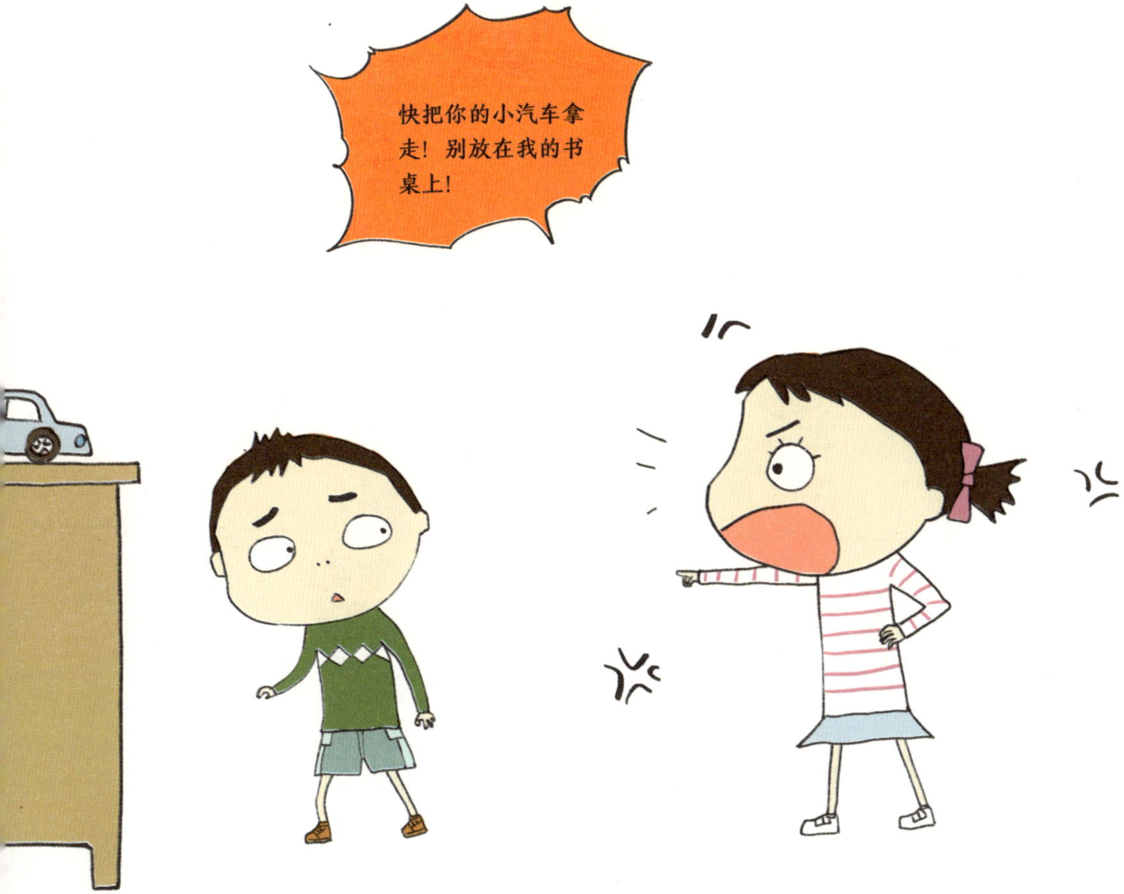
快把你的小汽车拿走！别放在我的书桌上！

生气并不可怕，随便发脾气才可怕。

不会调整自己情绪的人,肯定不会有很多朋友。

大多数的烦恼都是人际关系的烦恼

有时候遇到一些事情,我们会责怪身边的人没有按照自己的想法去做,可是换个角度想一想,谁也不会事事以你为中心。

阿德勒说了什么

　　一个人满脑子都只想着自己的事,既无法解决交往的烦恼,也无法获得幸福。

　　世上没有人会为了满足你的期待而活,每个人都是自己人生的主人,所以你没有任何特权。

豆丁最近学习有进步，妈妈为了奖励他，给他买了乐高积木，这可把他高兴坏了。

小飞是豆丁最好的朋友，所以豆丁迫不及待地想邀请小飞周末来家里一起玩，他心想：小飞也喜欢玩乐高，他一定也会很开心的。嘿嘿，好期待啊！

可让豆丁没想到的是，他兴奋地发出邀请后，小飞却没有像平时那样兴高采烈地答应，反而皱起了眉头，面露难色地说："我很想和你一起玩乐高，可是……我上周已经答应了和壮壮他们几个一起踢球……"

豆丁说："我觉得乐高要好玩多了，踢球多没有创意啊！再说平时也没见你喜欢踢球啊。你就和壮壮他们说，你有事不能去，不就行了吗？反正少了你一个也没事。"

小飞摇了摇头说："我已经答应大家了，怎么能随便反悔呢？"

听了这话，豆丁也有点儿委屈，说道："可是我把你当成最好的朋友啊，所以才第一时间想着要和你一起玩乐高……"

小飞小声说："要不，你和我们一块儿去踢球吧？大家伙儿一起踢球也很开心。"

豆丁把嘴一撇，说："我才不想踢球呢。算了算了，你不去拉倒，我自己玩乐高！"

被小飞拒绝后，豆丁就一直不开心。周日下午，他一个人在家玩乐高，却怎么搭都不对，心烦意乱，根本静不下心来。最后，他干脆把搭得乱七八糟的乐高给推倒了。

在家里转了两圈后，他穿上外套，不知不觉地走到了附近的足球场，想要偷偷看看他们踢球是不是真的很开心。

几个同学果然都在踢足球，场上充满了欢声笑语，看着他们快乐的身影，豆丁心想：和大家一起踢足球好像也挺好的，不过现在谁也想不起来我了……

就在这时，他听到了一个熟悉的声音，原来是小飞在叫他的名字："豆丁你来啦，和我们一起玩吧！"

豆丁快乐地跑了过去，心想：其实也不是非得让别人陪着我玩乐高，大家一起玩也很开心。

多数时候，我们总是希望身边的朋友能听从自己的想法，可事实上，每个人都有自己的事情要忙，不可能天天围着你转。哪怕是父母，他们也有各自的工作和生活。如果一心只想着自己的喜好，强迫别人去顺应自己，很容易引起不愉快甚至是矛盾，导致自己不开心，身边的人也不开心。

如果能够试着多去理解他人的想法，尊重他人的兴趣和需要，反而可以相处得很好。一旦不以自我为中心，你会发现，整个世界都宽阔了许多呢！

> 其实也不是非得让别人陪着我玩乐高，大家一起玩也很开心。

小松鼠，别忙活啦，快陪我去荡秋千吧！

那可不行，我要收集松子，准备过冬呢。

小麻雀，下来吧，快陪我玩游戏吧！

我可没空，我要搭一个漂亮的小房子，你自己去玩吧。

小松鼠和小麻雀才不是我的好朋友，都不陪我玩！

唉，该怎么办才能让小兔子明白这样是不对的呢？

每个人都有自己的事和自己的想法。

别拦着我呀小熊，我肚子好饿，得快点儿回家吃饭！

不行，我们不是好朋友吗？你现在得陪我去散步。

你怎么能只顾着自己呢？

是呀，你怎么能只顾着自己呢？小松鼠和小麻雀上次肯定也是这么想的。

咕噜噜

谢谢你小熊，我现在知道啦，不能只想着自己！

多理解朋友的兴趣和想法，不仅会让你和他们相处得更好，还会让你更加开心。

在你的伙伴遇到困难时，试着给对方鼓鼓劲

你身边一定有小伙伴在某件事上总是失败，并因此丧失信心。作为朋友，你该怎么做呢？不如给对方鼓鼓劲，并想办法帮助他。

唉，我又失败了。

没关系，再试试，这次一定没问题。

阿德勒说了什么

就算觉得"还不行",也可以让对方试试看。

即使注定失败,也要对他说一声"这次一定没问题",这样才能带给他勇气。

区里即将举办中小学趣味运动会，阳光小学的体育小组将代表全校参加。

体育小组中的篮球队正在加紧训练，大家都很积极，争取拿个好成绩。

一次训练结束后，队里的指导老师公布了参加比赛的名单，毫不意外，并没有子涵。

子涵从小热爱篮球，是NBA的铁杆球迷。然而与同龄人相比，他身材瘦小，投篮准确率也一般。为了进篮球队，他一边参加课外篮球班，一边苦练，终于踩着考核的标准线，进了篮球队，打后卫位置。

作为一名新人，他坐了很久的板凳。为了能上场，子涵拿出了全部课余时间练习投篮，但练了很久都没有显著成效，篮球队里的其他人也很轻视他，除了大明。

大明和子涵是好朋友，都喜爱湖人队。大明的个子很高，是队里的主力选手，他决定帮助子涵。半个月过去了，子涵在大明的帮助下，投篮命中率有所提高，训练状态也很不错，杨教练也终于同意他参加比赛前的模拟对抗赛。

第一次作为主力队员参加对抗赛，这让子涵很兴奋，但是，他的手感却消失了。

他频频犯规，屡投不中，最后六犯离场，全队得了史无前例的低分。

赛后，其他球员纷纷指责子涵，说他就该继续坐板凳。

子涵沮丧地坐在操场上。这时，大明来到了他身边。子涵眼含泪水对大明说:"对不起,我害大家输球了。"

大明拍了拍子涵的肩膀说:"你只是第一次打正式比赛太紧张了,后面还有很多次机会,别灰心,我们一起加油!"

子涵点点头。

教练也看到了大明和子涵的认真劲儿,于是顶着压力让子涵参加了第二次对抗赛。这一次他表现很稳,得了十分,其他球员没再说什么。

一个月后,子涵作为替补后卫参加了区运动会。比赛当天,子涵自信满满地上了赛场。然而他没有参加大赛的经验,还是太紧张了,投篮命中率很低。一次传球失误后,教练把他换下了场。

子涵蔫蔫地坐在板凳上,这时候,大明拍了拍子涵的肩膀说:"别沮丧,心放宽,啥也别想,就专注地比赛。相信我,你肯定行。"

其实,队员们也都紧张,主力后卫六犯离场后,子涵再次出现在赛场上。这一次,他在比赛的最后关头,三投两中,还有一个助攻,帮助球队赢得了运动会第一轮比赛的胜利。

如果你是子涵,遇到困难的时候,希望自己有一个像大明一样的朋友吗?如果你是大明,当朋友遇到困难的时候,会鼓励他继续坚持下去吗?

身边的人缺乏信心时,要鼓励他去尝试。

当朋友遇到困难的时候，你的鼓励能给他力量。

学会尊重别人，才能更好地体会相互信任

有时候我们难免会打着为对方好的旗号，去强迫对方听从自己的安排。

真奇怪，到底是谁拿走了我的魔方？

阿德勒说了什么

父母与孩子、老师与学生,即使是较亲密的关系,要是侵犯对方的权利,也会引发对立冲突。

人和人之间是平等的,只有互相尊重,才能得到信赖。

桐桐最近总是神神秘秘的，放学回家后一吃过晚饭就钻进房间里，不知道在捣鼓些什么。妈妈看了很担心，不知道桐桐是不是迷上什么新鲜事物耽误了学习，也担心她在学校遇到什么问题一个人躲着苦恼。

于是，晚上吃完饭，妈妈装作闲聊的样子问桐桐最近在忙什么，桐桐却笑着说："哎呀，妈妈你就别问啦，我在做一件很重要的事情！"

听了这话，桐桐妈妈更担心了，也有点儿难过。以前桐桐可是什么心事都会告诉她的，现在怎么变了呢？为了搞清楚背后的真相，妈妈只好把主意打到了小女儿可可的身上，心想，也许可可能发现姐姐在忙什么。

可可领了妈妈的任务后，就想办法"破案"。不过姐姐神神秘秘的，什么也不告诉她。

有天晚上，可可无意中发现姐姐在写日记，或许秘密就藏在日记中。

第二天下午，可可趁姐姐出门了，溜到姐姐房间找到了日记本。可是，十分不巧，刚翻开没看两眼，就被回来拿东西的桐桐撞个正着。

见到妹妹正拿着自己的日记本，桐桐一把抢过来，吼道："可可，你竟然偷看我的日记！"

妈妈循声赶紧走了进来。知道原委后，妈妈先道歉了："桐桐，这都怪我。我看你神神秘秘的，怕你遇到什么难事不跟我说，我就让可可帮我打探打探……"

可可被姐姐训斥，委屈地躲到了妈妈身后。

桐桐走到床边，掏出了书包里的东西，妈妈一看，花花绿绿的都是彩纸。这时桐桐说:"你不是想知道我最近忙什么吗?看吧,我就是想偷偷给你做一个生日礼物。现在好了,惊喜都没了。"桐桐噘着嘴,满脸不高兴。

妈妈顿时自责极了,连忙跟女儿道歉:"都是妈妈的错,妈妈误会你了。"

"还有……"桐桐看向妹妹。

"我错了,姐姐!"可可马上说。

"道歉倒挺快的!哼,以后不许看了!"

"要尊重姐姐的隐私,知道吗?"妈妈也看着可可。

"我知道了,"可可立刻说,"再也不看了!"

过了两天,桐桐给妈妈送了一份手工礼物,妈妈很开心,也拿出来一份礼物送给桐桐。桐桐拆开一看,原来是一本带锁的日记本,妈妈对她说:"别忘记设置密码哟!"

哪怕是父母、老师,也不能要求孩子一味地服从。人和人之间只有互相尊重,才能相互信赖。如果打着"为你好"的旗号而任意侵犯对方的权利,不仅会适得其反,破坏彼此之间的信任和感情,甚至还会给对方带来伤害。

人和人之间坦诚交流,说真心话,才是真正的关心和尊重。

尊重每个人的权利。

> 都是我小时候玩过的。可是为什么魔方也在这里呢?

> 你们一点儿也不尊重我的兴趣爱好!我可没有扔掉爸爸喜欢的足球或妈妈喜欢的香水!

> 啊,尊重尊重!你可千万不能动我的足球啊,那可是签名版!

> 我这不是怕你天天玩魔方伤眼睛,伤颈椎嘛。

> 不过,你们还留着我小时候玩过的玩具,我还挺开心的。

> 你喜欢的,妈妈都会给你留着的。妈妈以后不会强迫你不玩魔方了。

> 玩魔方也要注意休息,别让你妈担心。

只有互相尊重,不随意侵犯他人的权利,才能建立起彼此之间的信任。

信赖，就是无条件相信对方

你身边是不是有这样一个人？你会无条件地相信他，愿意把自己的开心和不开心都毫无保留地告诉他。这样的感觉就是信赖。

小鸡们信赖我，我一定会守好鸡舍的！

阿德勒说了什么

不是"信用"而是"信赖"。所谓信赖,就是没有任何保证与担保就相信对方的行为。纵使可能遭到背叛,还是选择相信。

终于盼到了周末，妈妈带着子涵和弟弟小石头去淘气堡玩。

周末淘气堡里的人可真多，妈妈对子涵说："子涵，妈妈有点儿累了，你带着弟弟进去玩可以吗？妈妈在门口等你们。"

"没问题，放心吧，我都这么大了，照顾这个小不点儿不在话下。"说着，子涵紧紧拉住了弟弟小石头的手。

淘气堡里的孩子们从子涵面前疯跑过去，这让他不禁担心起来。"万一被冲散了可怎么办？"他小声嘀咕着。

"有了！"子涵想到一个好主意，于是他低下身子凑到弟弟耳边，指着出口的位置说："小石头，要是我们不小心走散了，你就在出口换鞋子的地方等哥哥，千万不能跟陌生人走，记住了吗？"

"记住了。"小石头眨着大眼睛，认真地说。

子涵非常照顾弟弟，带着弟弟去低幼区玩了好久，始终没让弟弟离开自己的视线。可当他们经过科学实验室时，里边闪烁的红蓝色灯光和孩子们的欢呼声一下子吸引了子涵的注意。

"里边在做电路实验吗？咱们看看去。"子涵拉着弟弟走进了科学实验室。

实验室里聚集了好几个电路迷，几个孩子正动手连接一个比较复杂的线路呢。

"先连蓝色线，再连红色线。"子涵着急地说，"不对不对，要把线搭在这里。"说着，子涵上手操作起来。他认真地搭建线路，排除错误，终于把线路连通了，实验室里再次亮起红蓝色的灯。

"哇！"周围的孩子们都欢呼起来。

"嘿嘿，这可比陪弟弟好玩多了，等等！"子涵心里咯噔一下，"弟弟！我弟弟呢？"

这下糟了，子涵刚才沉浸在实验里，竟然不自觉地放开了弟弟的手。这会儿他想起弟弟，可弟弟已经不见踪影了。

"小石头！小石头！"子涵着急地大喊，周围却只有其他孩子吵闹的声音。

子涵急得眼泪都流出来了。这时，他突然想到和弟弟的约定——如果不小心走散，就在换鞋子的地方等。

子涵赶紧朝出口处的换鞋处跑去。当他气喘吁吁地来到换鞋处时，看到小石头坐在那里，眼圈红红的，满脸委屈地等待着。子涵心里的大石头终于落了地，紧接着又充满了愧疚和自责，眼泪再次落了下来。

"信赖是一座巨大的宝藏，等待着人们去挖掘、发现。"有了信赖，人与人之间的联系会变得更加紧密，同时也会让我们感受到更多温暖。

生活中，无论是小伙伴，还是父母、老师，都可以成为我们信赖的对象。但是，信赖得来不易，想让别人信赖自己，首先要成为一个值得信赖的人；同样，如果你正被别人信赖着，那么就要用实际行动来维护这种信赖哟。

信赖来之不易，需要通过自己的行动去获得。

看，这儿有线索！

呃，错怪小猪了，没想到他还挺机灵的。

放开那个蛋宝宝！

糟了，快溜！

我工作多年，口碑相当好呢！

以后鸡舍的安全就靠您守护了。

有了信赖，人与人之间的联系会更加紧密。

比起夸奖对方，向对方表达感谢更有意义

当朋友向你伸出了援手，比起夸奖，我们更加应该感谢对方，真诚的感谢能给别人带来喜悦和信赖感。

> 我好心帮火烈鸟清理院子，他不说谢谢也就罢了，一句"你做得很棒"是什么意思？我才不需要他高高在上的夸奖呢！

阿德勒说了什么

不是称赞对方"你做得很好!"而是向对方表达感谢之意:"谢谢你的帮忙。"只要让对方体验到被感谢的喜悦,就能使他自发性地持续做些对别人有贡献的事。

周末，豆丁看到妈妈忙着做饭，便帮妈妈收了晾在衣架上的衣服。妈妈看到后，欣慰地夸奖豆丁说："我们豆丁长大了，真懂事，继续保持哟！"

妈妈的夸奖让豆丁心里美滋滋的，他心想，如果能在得到帮助后夸奖别人，别人也会像我一样开心的。

第二天，马上要到升旗时间了，豆丁却在焦急地翻找书包，一边翻，一边喃喃自语："我的红领巾怎么不见了？"

可不管怎么翻，就是不见红领巾。

"昨天我帮妈妈收衣服，一起把红领巾拿下来了，然后，然后……"豆丁努力回想着，"哎呀，我，我，我把红领巾和妈妈的衣服一起放进衣柜了。我怎么能做出这种蠢事！"豆丁觉得自己简直蠢死了。

婷婷听见豆丁的"哀号"，随手从书包里拿出一条红领巾递给他："拿着，我也犯过同样的错，所以就在书包里装了条备用的。"

豆丁可算得救了，赶紧戴上红领巾往操场跑。

升旗结束后，豆丁把红领巾还给婷婷，说："婷婷同学，我要表扬你！"

"啊？"婷婷被豆丁的话搞得一头雾水。

"同学有困难时，你能主动伸出援手，这种做法非常值得肯定。"豆丁模仿着大人的语气，想要来一次非常正式的称赞，"希望你继续发扬这种助人为乐的精神，向周围同学……"

没等豆丁把话说完，婷婷一把抽走了他手里的红领巾，扭头走了。

"什么呀，你是老师吗？"婷婷边走边生气地想，"一副高高在上的样子,好像谁稀罕你的表扬一样!哼!"

"我在夸你呢,干吗凶巴巴的?!"豆丁心里不解又窝火。

回到家后,豆丁把事情的经过和心里的疑问告诉了妈妈。

妈妈微笑着说:"豆丁,婷婷是你的好朋友。你们俩是同龄人,比起你的夸奖,她更希望得到你的感谢。"

听了妈妈的话,豆丁若有所思。

第二天,豆丁找到婷婷,真诚地说:"婷婷,昨天我表达的方式不对,我是想谢谢你的,救我于危难,滴水之恩,必当涌泉相报!"

婷婷扑哧一声笑了,说:"不谢!"

当我们帮助朋友时,最希望听到的便是一句发自真心的"谢谢"。可如果对方夸你"懂事",你会不会觉得他有些高高在上、态度傲慢呢?正如阿德勒爷爷所说:"称赞是俯视的视角,带给别人勇气的则是平行视角。"朋友之间真正需要的,是平等的感谢与相互的鼓励。因此,在得到同学、伙伴的帮助后,要合理地表达谢意,真诚地说句"谢谢"。

好朋友之间，经常把夸奖挂在嘴边，只会让人觉得你态度傲慢。

瞧你高高在上的样子，谁稀罕你的夸奖。

我只是站在高处说话而已。

我只是想肯定他们的做法。

你高高在上地夸奖别人很不礼貌，说"谢谢"就好了。

谢谢你们昨天帮助我，还送我好吃的。

不客气！

帮助过你的小伙伴，更希望听到真诚的感谢，而不是高高在上的称赞。

把喜悦带给你身边的人

身边的小伙伴遇到了不开心的事情,相信你一定很想去帮他,但是你知道应该怎么去帮助他吗?

阿德勒说了什么

让他人感受到喜悦,是摆脱痛苦的一个方法。

只要思考"自己能做些什么",并付诸行动就对了。如此一来,你也能找到自己的价值,也会靠幸福更近些。

豆丁和小海不仅是同班同学，也是校乒乓球队的队员，他俩经常放学后一起切磋球技。可是最近，豆丁发现小海总是闷闷不乐的。

这天下午，放学铃声响了，小海收拾了一下课本，书包拉链都没拉好，就随意甩在肩膀上，无精打采地朝教室门外走去。豆丁抬头一看，赶紧背起书包，追了过去。

"嘿，小海！走那么快干吗？等等我！"豆丁边跑边喊。

小海听见豆丁的声音，停下了脚步，低着头站在教室门口，用脚搓着地面。

"小海，你怎么啦？最近看你总是闷闷不乐的。"豆丁搭着小海的肩膀，开口问道。

"呃，没事……"小海摇了摇头。

"那咱们去练会儿乒乓球吧，削球绝技！"豆丁笑嘻嘻地说着，顺手帮小海把书包拉链拉好。

"我……"小海听到"打球"二字，脸蛋一下子涨得通红，他张口想说什么，可犹豫再三，还是像一只泄了气的皮球一样，垂头丧气地低声说道，"算了，我不去了，反正我也打不过你。"

原来，前几天教练刚教了大家如何练习削球，可是，小海练了好长时间，还是失误不断，再加上他的性格又比较内向，也不好意思向教练或同学们请教，再过几天还有一场削球小测试，所以小海最近茶饭不思，总是愁眉不展。

豆丁看着小海欲言又止的样子，猛然间想起来昨天小海因为练不好削球还被教练批评了两句。"噢，原来是这样，我得想个办法帮帮小海。"豆丁一下子明白了，他也知道小海自尊心强，不愿意接受别人的帮助，所以他得想个办法。

豆丁琢磨了一会儿：嘿嘿，有了！他揽着小海的肩膀说："就当陪我练练球嘛！反正今天的作业也做得差不多了，走吧，走吧！"说着，豆丁把小海连拖带拽地拉到了练习室。

简单热了热身，两人一来一往地开始练习。豆丁是个聪明的孩子，他知道小海的优势是接发短球，在整个球队里都很厉害，所以豆丁总是有意无意地发短球，很快，小海的得分便遥遥领先，他的脸上也露出了久违的笑容。

"小海，你的短球太厉害了！有什么诀窍快教教我，你瞧，都超我那么多分了！"豆丁抹了一把脑门儿上的汗，笑嘻嘻地说道。

"哈哈，接短球首先不能急，要提前预判对手的落点，还有就是要及时调整步法，这才是关键。"小海笑着回答。

"噢！原来是这样，我来试试。"

说着两人又你来我往地练了起来。豆丁看小海的心情好转了不少，便悄悄地发了一记削球，然后冲小海喊了一句："垂直握拍！把球压低！"

对面的小海一愣神儿，乒乓球弹了出去，不过他瞬间便明白了豆丁的良苦用心。小海心里十分感动，他转身捡起球，也开始发起了削球。

就这样，豆丁时不时地提醒小海接削球时的注意事项。一个多小时过去了，小海终于练会了削球，他对豆丁说："谢谢你！要不是你今天陪我练球,过几天的削球测试,我都不知道怎么面对!"豆丁摆摆手说:"小事一桩,朋友间就该互帮互助!"

当朋友遇到不如意的事情而情绪低落时,口头上的安慰可能作用并不大。要让对方真正从心底高兴起来,才能摆脱这种负面情绪。这就需要你认真想一想,他是因为什么事不开心,你能够做些什么,应该如何帮助他。帮助别人也需要讲究方式方法,"润物细无声"的援手更容易让人感到温暖。

在帮助别人的同时,你会产生一种被人需要的感觉,既收获了他人的友谊,也肯定了自己的价值,这样的快乐是双倍的,所谓"赠人玫瑰,手有余香"便是这个道理。

别难过啦，说不定一会儿风能把你的气球吹下来。

有风的话气球就该被吹跑了。

我有个办法！你把我举起来，我变高了就能够着你的气球了！

嘿嘿

别了，别了，你的好意我心领了！

如果你真心想帮助你的朋友，请不要只是说说。

别难过啦，送你一根胡萝卜吧，特别脆！

可是我不爱吃胡萝卜啊……

哈哈，别急，我来帮你！

哇，小猴真厉害！

嘿嘿，好说好说！

一个切实的行动，比上百句安慰的话都管用。

与你意见不同的人，其实不是想要批判你

你有过和朋友意见不统一的时候吗？当他人提出反对意见时，想必你心里多少有些不开心，不过，不同的意见并不代表批判哟！

他们为什么不同意我说的话，是不是因为我做得不够好？是不是他们不喜欢我了？是不是我从此要孤身一人……

阿德勒说了什么

与你意见不同的人，其实不是想要批判你。

产生不同声音是理所当然的事。我们应该接纳不同的意见，正因为有不同意见，才有意义。同样地，我们不能强迫别人接纳自己的意见，要认同他人的不同看法，理所当然地接受不一样的声音。

小美和婷婷是同班同学，两人又是同桌，还住在同一个小区，于是天天形影不离，就像一对亲姐妹。可是，最近，大家都没见到她俩一起上学一起回家，这是怎么回事呢？

原来，上个星期小美的爸爸出差回来，给小美买了一本《我的第一本地理百科全书》。小美看完之后觉得这本书写得非常棒，所以第二天一大早便迫不及待地把书拿给婷婷，让她一定要看，特别好看！

几天后，婷婷看完之后对小美说："我觉得也就还行吧，没你说的那么神乎其神的。"听到这话，满腔热情的小美就像被人从头到脚浇了一盆冷水一样，失望极了。

"你，你这个人！"

小美气鼓鼓地把书夺了回来，扭过头生起了闷气。

婷婷正准备解释自己觉得一般的原因，一看小美这气呼呼的样子，她也生气了，意见不同不是很正常吗？发什么脾气啊！

班主任老师也发现了她俩的不对劲。平日里两人有说有笑，跟连体婴似的，现在怎么都气鼓鼓的谁也不理谁，见到对方恨不得身子都扭向另一边。

下了课，老师把小美和婷婷叫到了办公室，询问她俩是不是吵架了。

"老师，我好心推荐给她一本写得很棒的书，可她却说写得一般般，真是没劲儿！"小美气呼呼地说道。

"老师，我没有针对小美，我是真的觉得那本书写得很一般。"婷婷有些委屈地说，"我还打算跟她解释，可一看她那气呼呼的样子，我也不知道该怎么开口了。"

"原来是这么回事。小美，把书名告诉老师，老师也看一下。"

小美报了书名后，老师用手机查阅了一下说："你们俩先回去，等我看完书咱们再讨论。"于是，小美和婷婷一前一后走出了老师办公室。

过了几天，在一堂课外阅读课上，老师在黑板上写下小美那本书的名字——《我的第一本地理百科全书》，然后问大家有没有谁看过这本书，并请看过的同学谈谈自己的感受。

"我平时喜欢读历史传记类的书籍，对地理不是很感兴趣，这本书是写给我们这么大孩子的，但是我觉得它写得太深奥了，我根本读不进去，所以觉得它一般。"婷婷站起来说道。

"老师，我也看了。我觉得写得很好，因为我喜欢旅游，所以对地理知识、风土人情比较感兴趣。这本书写得很全面。"玲玲也发表了自己的看法。

"还有我。"凯凯站起来说，"我觉得这本书在内容上不够生动有趣，图片也不是很多，不是太吸引人。"

接着，其他几位同学也纷纷发表了自己的看法。听了大家的发言，小美若有所思。

"大家都看了同一本书，不同的人看了以后会有截然不同的看法，产生不同意见是再正常不过的事了，并不是要针对谁。小美，你觉得老师说得对吗？"老师看着小美问道。

小美有些害羞地站起来说："我明白了，老师。"

"那你觉得你和婷婷谁对谁错？"

小美转身看着同桌婷婷说道:"没有谁对谁错啦!"

"哈哈哈哈哈!"教室里同学们笑成了一片。

同一本书,每个人的阅读感受不一样;同一件事情,大家也会有完全不同的意见。所以,当你向别人表达你的观点时,就会有人认同你的观点,也会有人反对你的观点,而那些反对的人并不是站在你的对立面,他们仅仅是与你的观点不同而已。

正如阿德勒爷爷所说,产生不同的声音是理所当然的事,我们不能强迫别人接受我们的意见,而要学会去接纳不同的声音。最重要的是:把人和观点区分开来。要知道,这世界正是因为有了千千万万个不同的人和不同的声音,才会如此丰富多彩。

我平时喜欢读历史传记类的书籍，对地理不是很感兴趣，这本书是写给我们这么大孩子的，但是我觉得它写得太深奥了，我根本读不进去，所以觉得它一般。

跑得快就是好,谁都抓不住我。

呼——

别再辛苦挖洞了,只要像我一样跑得快就不怕被抓到啦。

可我还是喜欢躲进洞里。

有变来变去的时间,早就溜掉了啊。

但我就是"善变"啊,再说我才不想像你一样被吓得到处跑呢。

同样一件事情,不同人看在眼里,会产生不同的意见,那该怎么办呢?

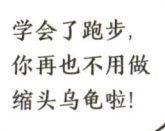

学会了跑步,你再也不用做缩头乌龟啦!

我缩,我只想缩。

为什么他们都不同意我说的话?!

意见不统一很正常。如果其他动物都跟你一样,整天跑来跑去的,岂不是要乱套?

可是,我的办法也不是坑他们啊,他们一点儿都听不进去!

别的动物也没要求你好好待在一个地方不动啊!互相尊重不是挺好吗?

我们应该去接纳这些不同的意见,而不是强迫别人接受自己的意见。

帮助别人不是为了得到赞美和感谢

如果你帮助了别人,对方却没有对你说谢谢,你心里会不会有些失落?

种花大赛第一名!

我们是一个团队嘛,谁上台领奖有什么关系。

明明你才是主力,上电视出风头的却是她!真是不公平!

阿德勒说了什么

就算感受到"自己是有价值的",也不必期待对方的感谢与赞美。因为贡献感停留在"自我满足"就行了。

芊芊放学回到家后一直嘟着嘴，非常不开心的样子，妈妈问她怎么了，芊芊一开始还有点儿不情愿，看到妈妈担忧的眼神，只好和盘托出。

原来，就算不是轮到自己值日，爱干净的芊芊也会每天打扫、整理班里的书架，有时候也会帮助值日生一起打扫教室。今天，他们班获得了卫生流动红旗，班主任表扬了本周的值日生，还额外奖励了他们每人一朵小红花，这让芊芊有点儿不开心，明明自己也出了力，但奖励和表扬却落在了别人头上。

芊芊有点儿委屈地说："明明每天我都帮忙打扫卫生，但是得到表扬的却是别人。同桌小米也为我打抱不平，觉得我无论如何都应该得到老师的表扬才对。"

妈妈拉住芊芊的手说："那你帮助班里打扫卫生，为的是得到表扬吗？"

芊芊想了想，摇摇头说："那倒也不是。"

"那你为啥经常帮班里整理书架呢？"

"我，我就是看不惯他们看完书不及时放回去，弄得乱七八糟的。我大概有点儿强迫症什么的。"

妈妈忍不住笑了，说："你从小爱干净，不喜欢家里或者书柜乱糟糟的，这挺好的，哪里是什么强迫症！所以，看到班级里的书架乱了，也忍不住要整理，而且，整理完心里特别舒服是不是？"

芊芊点点头。

"那还不开心吗？"

芊芊说:"整理完是很开心。但是,我觉得有点儿不公平。"

妈妈说:"这没什么的。你帮助别人并不是为了得到赞美和表扬,而老师是在不知情的情况下表扬了别人。事情过去了,别放在心上。"

第二天放学后,芊芊还是照常整理班里的书架。

有时候,我们帮助别人仅仅是举手之劳。

如果帮助了别人,因为没有听到对方的感谢就感到生气,这说明你太过在意他人的评价了。

芊芊因为一些外在因素影响了情绪,所以产生了一点儿落差感,不过仔细想想就会发现,这不算什么,做自己喜欢并认同的事情,哪里需要其他人来评价或表扬呢?

其实,只要你帮助了别人,就能够感受到自己的价值,别人的感谢和赞美只能算锦上添花,无须在意。

是不是很棒?

帮助遇到困难的人是一件对的事。

做了对的事情，能感受到自我价值的体现，即使没有夸奖和称赞，也很快乐。

多考虑伙伴和集体，也会得到快乐

在生活中，我们每时每刻都会面临大大小小的选择。当你和小伙伴的利益发生冲突时，你该如何选择呢？

桥要塌了，小猴子，你先过桥。快点儿！再晚就来不及了。

可是，大熊，你怎么办？

我个子比你高，放心吧！

阿德勒说了什么

不知道如何选择时，不妨做一个大气的人，优先考虑最大团体的利益。

小宝非常喜欢运动，最喜欢的运动就是打乒乓球。上了小学三年级后，他参加了学校的乒乓球小组，教练夸他有天赋，这让他很高兴，也暗暗下决心加强训练，不让教练失望。

一个学期过去了，小宝的球技十分突出，教练让他和其他几名队友一起参加全市的乒乓球比赛。小宝兴奋极了，觉得自己肯定能拿回来一块奖牌。妈妈也说，每天晚上都能听到他在梦里喊："扣球、扣球！"

然而就在比赛前一个月，意外发生了——放学时，小宝急着去乒乓球队，下楼梯的时候，不小心从楼梯上跌倒，摔伤了胳膊，还住了两天院。

教练带着队里的小伙伴去医院看望小宝，小宝着急地询问自己还能不能参加市里的比赛，教练说得看他手臂恢复的情况才能确定。

出院后，小宝回到学校，胳膊还打着绷带吊在脖子上，这让他很沮丧，不过他每天还是坚持去看队友们练球。

小宝的运气不错，两周后，他的手臂就恢复了，赶上了参加市里比赛的末班车。可是，临近比赛前，教练找到了小宝。因为小宝刚刚恢复训练，状态有点儿不稳，教练也担心他手臂的恢复情况，所以，他希望小宝能把单打的名额让给最近状态特别好的梓豪。

听到这话，小宝有点儿蒙，也有点儿委屈。他的手臂已经恢复得差不多了呀！而且为了练乒乓球他流了多少汗水！

"教练，我……"小宝很想开口拒绝教练。

"太棒了，梓豪！加油！"

这时，他听到其他队员给梓豪加油鼓劲的声音，看到不远处正在乒乓球台边挥洒汗水的梓豪和队友们。

小宝被队友们的状态和激情触动了，他说："教练，我愿意放弃个人单打。"

"小宝，你觉得委屈吗？"教练其实也看出了小宝的犹豫和难过。

听到这话，小宝顿时眼中带泪，怎么会不委屈、不遗憾呢？

"说实话，您刚问我的时候，是感觉挺委屈的。可是，我刚刚恢复训练，的确没有梓豪状态好，他一定能给学校拿一块奖牌回来的！"

"小宝，你能把机会让给队友，已经很棒了。以后还有很多机会，我觉得你将来一定会越打越好的。"

小宝做这样的选择并不容易。

如果并非二选一这种极端情况，我们处在群体中，不知道如何选择时，不妨做一个大气的人，优先考虑团队或集体的利益。或许你也会感到遗憾，但是人生的路很长，一时的得与失并没有那么重要，而且退一步也能收获宽广的胸怀和团队的力量。

昨天的雨太大了，河水居然涨到这么高！怎么办啊？我们过不去了。

这么浅的水，对我来说是小意思。

大象哥哥，你真好！可是，我知道的，你左脚昨天刚刚扎破了，不能泡水。

这没什么的，放心吧。

这可怎么办？孩子病了，医院在对岸。

喂，猴子妈妈，你等一等！我过去接你们。

优先考虑集体的利益，是令人尊敬的行为。

暂时放弃自己的得失，优先考虑他人，会收获宽广的胸怀，有利于个人成长。

不要轻易否定别人，给别人泼冷水

当你遇到困难时，一定希望身边的人能继续支持你、帮助你，对不对？同理，当你的伙伴遇到困难时，最好也不要给他泼冷水。

阿德勒说了什么

不要指责对方的失败与不成熟，也不要因为对方做不到就全盘否定，因为这么做，只会夺走对方的勇气，剥夺他靠自己克服困难的机会。

子涵和天天是同桌。子涵心灵手巧，学习名列前茅，制作的航模还获过奖；天天身材又高又壮，体育成绩很好，喜欢打球，但制作航模这种考验手脑协调的精细活儿，做起来就有点儿吃力。

一次航模课上，子涵制作的模型得到了老师的表扬。可天天却无论如何也搞不定，急得抓耳挠腮，只得求助于子涵。

子涵兴冲冲地指点天天，可是几番指点下来，天天还是不能把机翼和机身组合在一起。子涵越看越着急，就有些不耐烦，忍不住抱怨道："哎哟，天天，你这双大手怎么就不听使唤呢？实在不行，你就放弃吧。"说完，他把天天晾在一旁，抱着自己的模型去找其他同学炫耀了。

老师从外面走进教室，看到天天一个人坐在座位上，很恼火的样子，就问他是不是卡住了。

"老师……"天天沮丧地说，"子涵说得对，我真是笨手笨脚的。"

老师看了看天天面前的模型，笑了笑，捏住天天的手指，让他移动了航模上的一个部件，"奇迹"出现了——机翼和机身组合到了一起。

"这么简单？"天天很惊讶。

这时，子涵回到了课桌前，看到天天拼好的模型，有些惊讶："你拼好了？"

天天兴奋地点头。

老师拍拍子涵的脑袋，说："其实天天就差很简单的一步。你呢，双手灵活，嘴巴也挺灵活的，跟刀子似的。你说我说得对吗？"

子涵想了想，有些惭愧地对老师说："是我不对，我有点儿骄傲了……"说完又转头看着天天说："天天，对不起。我这个嘴巴没把门的，不过……"子涵用手做了一个给嘴巴拉拉链的动作，"我已经给自己封口了，以后绝不打击你了！"

"没关系，咱们是哥们儿嘛。"天天说。

子涵动手能力强，而天天是个体育健将，大家各有各的长处。有时候大家做同一件事时，就会有人完成得又快又好，有人一时找不到窍门，拖慢了进度，这其实就像我们的手掌一样，每根手指的粗细和灵活程度都各不相同，我们不能要求每个人都像机器人一样，用同样标准化的动作完成同样的任务。

所以，在同伴遇到困难的时候，尽量给予一些帮助和鼓励，不要给人泼冷水，尤其是自己做得还不错的情况下，这种泼冷水的行为仿佛就是彰显自己很优秀。而被泼冷水的同伴，很可能就失去了继续尝试的勇气，而你，也可能因此失去一位朋友。

给别人泼冷水，真的有失风度。

每个人都想要一个能鼓励自己、帮助自己的朋友，而不是只会泼冷水的。

逃避只会让你更孤单

同学们请记住：如果因为担心自己表现不好而远离集体，不参加挑战，那就一定会错过很多精彩的瞬间和美好的体验。

我一个人打球，也可以的。

阿德勒说了什么

　　有些人认为，避免失败与挫折的有效方法就是不挑战，只要不与人打交道，就不会受到伤害。可问题是，人只有在人群中才能感受到幸福。

　　人生就是必须面对一连串的任务，唯有提起勇气挑战任务，克服困难完成任务，才能尝到幸福的滋味。

小飞是班级里的"独行侠",到哪里都是一个人,几乎不太和同学们一起玩,放了学就独自坐校车回家。之前也有同学邀请小飞一起放风筝或者打篮球,但每到这个时候,小飞都摆摆手说"算了吧",时间久了,大家都觉得他太爱装酷,渐渐地,也就不来找他玩了。

其实,小飞也不是不想和大家一起玩,只是他觉得自己不擅长与人交往,担心自己说错话,和大家相处得不愉快,于是干脆就装作不爱搭理人的样子。

这天体育课上,老师让同学们一起玩"两人三足"的游戏,每两个同学为一组,要把脚绑在一起共同前行,分组进行比赛。

小飞远远地看着大家玩得很开心,心里有些羡慕,但转念又想:如果是我的话,肯定会给别人拖后腿吧?

这时,豆丁走到小飞身边,说:"小飞,你怎么一个人在这里?两人三足很好玩的,你也去吧。"

小飞摆了摆手说:"算了算了,我没兴趣。"

豆丁笑着说:"可是我看你一直在这里看,看还不如去玩。"

小飞被说中了心事,有点儿难为情,声音都变小了:"我不太擅长和别人组队……其实,我一个人在这里坐着,也挺好的。"

豆丁说:"我其实也不太擅长的,不过,你看他们,摔倒了还在那儿哈哈大笑,输了也没关系啊。"

小飞抬起头看着豆丁脸上的笑容,深吸了一口气,问他:"那豆丁,你愿意和我组队吗?"

豆丁点点头说:"嘿嘿,就等着你这句话了!走吧!"

他们两人成功组成一组练习，不过，的确没那么容易走得顺。不是小飞脚下不稳，就是豆丁踩到小飞，或者两人因为身体不协调，双双绊倒在地。不过，两人谁也没有埋怨对方，反倒是相视一笑，爬起来继续练习。

　　这次活动之后，小飞和豆丁成了好朋友。

　　独处自然有独处的快乐，可是如果事事都只有自己，难免会感到孤独。学校也好，日常生活也好，总有需要与人打交道的时候。只要有互动、有交往，就难免遇到磕磕碰碰，甚至发生矛盾，但我们只要正视这些问题就好了，不要因为害怕做不好就离大家远远的。

　　事实上，只要克服逃避的冲动，主动与人交往，就会越做越好的。

　　相反，越是逃避，就越是孤单。

这里的草原真漂亮，只可惜我一个朋友也没有……

我根本不会跳舞，还是别靠近大家了，免得被大家嘲笑。

你好呀，要不要和我们一块儿玩？

嗯……下次吧，我得回家了。

越是躲着不跟人打交道，就会越孤单、越不擅长社交，这是个恶性循环。

不要怕这怕那的，主动走进人群，跟人接触，一切都会越来越好的。

信赖别人，也信赖自己，才能顺利摆脱困境

"别人会向我伸出援手"是我信赖他人的表现；而"我对别人有贡献"是信赖自己的表现，只有信赖他人并信赖自己，才能找到归属感。

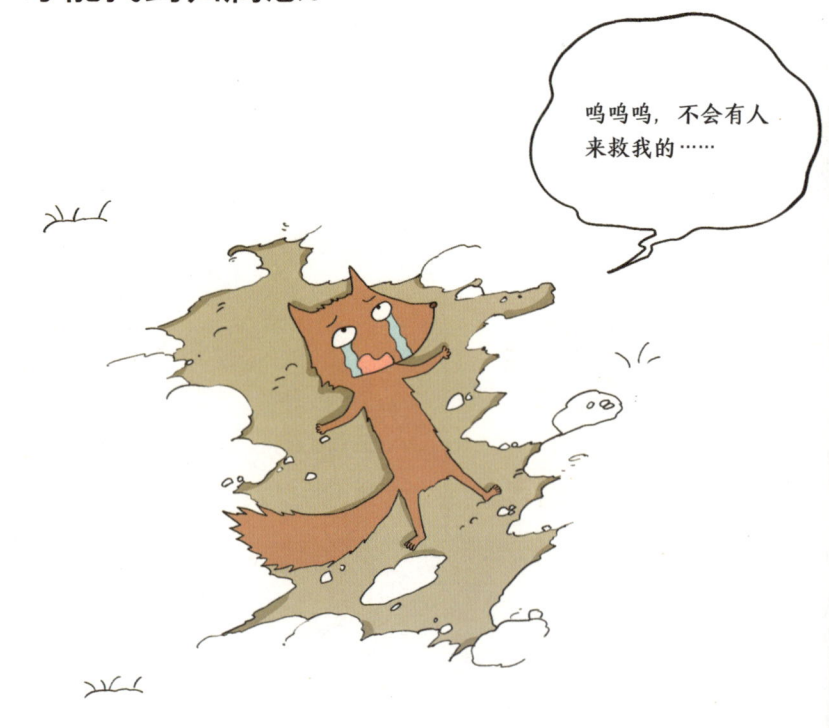

呜呜呜，不会有人来救我的……

阿德勒说了什么

　　因为信赖自己，感觉自己对他人有贡献，就会做些对他人有贡献的事。相反，如果不信赖自己，就会觉得自己无法做任何对他人有贡献的事。

　　如果你找不到信赖自己和信赖别人的归属感，不如就从现在开始，不求回报，不求别人的认同，行动起来。

子涵如愿加入篮球队后，一直勤奋训练，半年后，就从替补后卫转为主力后卫。

可是，他曾经的好朋友大明因转学离开了篮球队，这让子涵很孤单。

不久，队里来了一个新人，叫杨杨，他是一个速度和爆发力都不错的组织后卫。只不过，杨杨和队员们还不太熟悉，配合度不高，得分主要依靠快速抢断，目前还是替补。

最近几天，每当子涵独自在球场练球时，都会碰到杨杨。杨杨也不说话，就一个人默默地练球，仿佛眼里只有投篮一件事。

子涵想起了他和大明曾经的相处时光，他能感觉到杨杨拼命想练好球快速融入球队的心情。于是，今天，子涵单手转着篮球，笑着问杨杨："嘿，要不要一起练？"

杨杨没想到子涵会主动发出邀请，但他犹豫了一下还是拒绝了。

子涵有点儿失望，只好摇摇头走开了。

两人各占据一个篮球架，开始练习投篮。

突然，子涵听到扑通一声，紧接着是杨杨发出的哎哟声，子涵连忙跑过去，原来是杨杨摔倒了。

"哎哟，疼……"杨杨单手捂住左脚踝。

"我看看。"子涵简单看了看杨杨的左脚踝说，"好像没有肿胀，应该问题不大。"

看到子涵蹲下来给自己检查伤势，杨杨很感动："谢谢你，子涵。你人很好。"

被杨杨一夸，子涵有点儿不好意思，挠挠头说："虽然脚踝看起来没事，但我也不是医生，我还是扶你去医务室看看吧。"

子涵不等杨杨拒绝，直接搀起杨杨的胳膊，往医务室走去。

医务室的老师检查后说没什么问题，这让杨杨和子涵都松了一口气。杨杨小心翼翼地伸展脚腕，感觉也没什么事，于是谢过医生，和子涵一起往球场走去。

杨杨真诚地看着子涵说："谢谢你，子涵。"

"杨杨，"子涵认真地说道，"我曾经像你一样，也是替补，也觉得自己融入不了球队，但是我曾经的队友、最好的朋友大明，向我伸出了援手，和我一起练球、鼓励我，如今我才能一步一步成为主力队员。我希望能像大明一样，带你融入球队，你愿意吗？"

杨杨说："当然，谢谢你，子涵。我一定会加油。"

篮球是集体运动，离不开队员们之间密切的配合。生活中的许多事情也像打篮球一样，需要多人配合才能完成。所以，伙伴之间相互信赖就显得尤其重要。

有时候，我们到了陌生的环境，更需要这种相互信赖的关系，才能快速融入新环境，发挥自己的价值。

主动对他人伸出援手，自己也能收获很大的快乐！

在陌生的环境中，大家要互相信赖。

乐于助人的人陷入困境时，也会得到别人的帮助。

不断超越自己，才是真正的进步

你是用什么方法激励自己保持进步的？是发誓要超过比你优秀的人，还是专注于自己，下次努力做得更好？

唉，我什么时候才能像他一样扛起这么大的石头呢？

阿德勒说了什么

不要与别人比较,而应与"理想的自己"比较。

追求卓越的人应该不断自我超越,而不是高出别人一等。

苗苗很喜欢游泳。平时周末只要有空，她都会去游泳馆。可是最近几周，她突然不去了，也不愿意告诉妈妈原因。妈妈假装说她自己想游泳，希望苗苗周末陪她一起去。苗苗抗不住妈妈的"哀求"，只好同意了。

去了以后妈妈才明白，原来，游泳馆最近新来了一个女孩叫萱萱，和苗苗差不多大，游泳非常厉害，尤其是蛙泳，速度快、姿势标准，常常引得众人一片喝彩。

"跟她一比，我简直太弱了，我想要超过她，等比她强的时候再来。"苗苗有些灰心。

"你都不来练习，怎么能超过她啊？"妈妈反问。

"我……"苗苗语塞了。

妈妈问："你现在蛙泳一百米游多长时间？"

苗苗支吾着说："呃，没算过，大概四分钟吧……"

妈妈说："那咱们今天来认真记录下你的速度……愣着干吗？下水呀！"

苗苗拗不过妈妈，只好下水了。她根本没办法专心，因为注意力都在那个女生身上。一轮下来，妈妈给她记录的时间显示五分二十秒。

"这跟四分钟差得太远了吧？专心点儿，再来一次！"

苗苗很懊丧。她坐到泳池边深呼吸，尝试调整状态。她看了看不远处正游得带劲的那个女生，内心挣扎了半天后，终于重新跳入水中。

"先不管她了，我先达到四分钟再说吧！"苗苗想。她集中注意力，又游了一次。

当妈妈告诉她这一次只用了三分五十八秒的时候,她懊丧的情绪消失了,又恢复了活力。"三分五十八秒,真的吗?我想再来一次,我要达到三分五十秒!"

苗苗很开心,又游了几圈。她速度一次比一次快,最后的成绩是三分四十五秒。

"妈妈,"苗苗说,"真奇怪,我突然发现,我好像不在乎能不能超过那个女生了,我只要想到自己还能游得更快,就感觉全身充满了能量。下周我们再来吧!"

"好呀!"妈妈意味深长地看了她一眼,欣慰地说。

阿德勒爷爷说"不要与别人比较",就是不要以别人为标准来衡量自己。因为,你比别人做得好,不一定是你进步了,也许是因为别人退步了;而对于那些比你实力强很多的人,你可以把他们当作榜样,但如果你只想着超越他们,就会变得心浮气躁,一旦挑战失败,更会挫伤你的自信和勇气。

你应该和"理想的自己"比较,也就是说,根据你现在的能力,设定更好的目标。比如,你这次考了七十五分,那么就再努力一把,争取下次考八十分,再下次考八十五分……看看现在的自己和理想中的自己还有多大的差距,就知道还需要付出多少努力。专注于超越自己,而不是想着超过别人,才能踏踏实实取得真正的进步。

> 妈妈,真奇怪,我突然发现,我好像不在乎能不能超过那个女生了,我只要想到自己还能游得更快,就感觉全身充满了能量。

不用总想着超越别人，这只会让你更累。

跟"理想的自己"比，才能取得实实在在的进步。

太在意别人的评价，只会让你不开心

你是不是常常因为别人夸奖你而兴高采烈，又因为别人的批评而闷闷不乐？其实，不管是夸奖还是批评，都不用太在意。太过在意，只会让你陷入不开心的情绪。

妈妈，今天小瓢虫和小蝴蝶说了我的坏话。

阿德勒说了什么

对方如何评价你，是对方的事。哪怕被说坏话、被讨厌，也没什么好在意的，只要相信自己是对的就行了。太过在意别人的看法，只会让自己痛苦。

天气热起来了，喜欢户外运动的桐桐觉得长头发有点儿麻烦，就决定剪短。她把计划告诉了好朋友月月，月月说："真巧，我也想换个新发型！"

于是，她们一起去把头发剪短了。

"啊，真清爽！我喜欢这个发型！"桐桐甩着头说。

"我也喜欢，看起来很精神！很帅！"月月摸着脑袋笑着说。

剪完头发的当天，她俩都很开心。但是，这种开心只有桐桐保持了下来。

周一，月月就因为这个发型郁闷了一整天。

"你怎么了？"桐桐问她。

月月生气地说："那些男生笑话我们的头发丑！他们说，体育课要给我们俩单独分一个'假小子组'。我快被气死了！"

"不难看啊！"桐桐耸耸肩，"自己觉得舒服好看不就行了。"

"可是……也许你的感觉是错的呢？"月月说。

"每个人的喜好和眼光都不一样。"桐桐说。

"佳佳还提醒我，如果戴一条发带，看起来会稍微好看点儿……"月月又说。

"佳佳这个想法倒是不错，不过，我没什么兴趣。"桐桐又耸了耸肩。

月月看着桐桐的反应，急了："你怎么就一点儿都不在意呢！"

桐桐叹了口气，说："真没什么好在意的。不管我们是什么样，都会有人喜欢和不喜欢。之前还有人说我长发难看呢，问我怎么不剪短点儿。我头发多，有时候跑步都会散开，麻烦死了。长发运动起来确实不方便，我很喜欢现在这样，随便他们怎么说，我才不在乎呢。"

月月不说话了，若有所思。

"你明天戴发带吗？"过了好半天，桐桐打破沉默道。

"不戴了吧，大热天的，戴着难受。"月月犹豫地说。又过了一会儿，她像是鼓起了勇气似的说："……算了，我也不在乎了，爱谁谁吧！难看我也喜欢！"

"这就对了嘛！"桐桐笑着说。

只要与人交往，我们就会听到来自周围人的各种各样的评价。有说你好的，也有说你不好的；有的人说你这件事做得对，有的人又说你做得不对……因为每个人看事情的角度不同，他们的评价自然也不一样。如果你把每个评价都抓住不放，那自然会很痛苦，你甚至不知道究竟应该怎么做才好。

其实，不管别人说得对还是不对，是夸奖你还是批评你，甚至是说你的坏话，都不用太在意。你无法控制别人的评价，但可以调整自己的心态。

如果你觉得某些评价能帮助你进步，就记下来，至于其他的，听听就好。

坚持你的想法，不让别人的评价影响你，你将会感到更轻松、更自在。

他们说你什么坏话呀?

他们嫌我们脏,叫我们"屎壳郎"!说我们整天就知道推粪球。

哈哈,他们说的倒是也没错啦!

妈妈,他们在说我们的坏话呀,你不生气吗?

我不生气。你知道吗?虽然他们讨厌我们,但埃及人可喜欢我们了,那个国家的人说,太阳都是靠我们推的呢!

别人对你的评价并没有那么重要,不用太过在意。

啊,是真的吗?这么说我们其实很了不起了?

是神话啦,我们怎么推得动太阳嘛!不用在意别人怎么说你,你只要做你自己就好。至于下次他们再说你坏话……

我就告诉他们,埃及的太阳是我们推的!

哈哈哈……对!

相信自己,别让他人不好的评价影响到你。

想要别人的帮助，最好主动说出来

当你需要帮助的时候，你会请求别人帮你吗？你是不是不好意思开口，或者希望别人发现你遇到了困难，主动来帮你？其实，主动开口寻求帮助并不丢脸。

真倒霉！可是，要不要大声呼救呢？会不会太丢脸了？

阿德勒说了什么

我们不能总是期待别人随时体察我们的情绪。沉默换不来别人的帮助。

如果需要别人的帮助，就用语言表达出来。

今天早上，子涵睡过头了。因为来不及在家吃早饭，他急匆匆地从路边小摊买了包子和豆浆后，就朝公交车站一路狂奔。一不小心，他的一只鞋尖卡进了路面松动的砖缝里，连人带手里的早饭一起重重地摔在地上。

"哎哟，怎么这么倒霉啊。"包子掉到地上，沾满了泥灰，不能吃了。子涵小心地拔出鞋子，爬起来，拍了拍身上的土。

"还好豆浆杯口是密封的。"他抓起豆浆杯往书包里一扔，接着狂奔。

好在跑得快，他赶上了公交车。

找到座位坐下后，他才发现自己的手腕破皮了，还流了一点儿血。他翻了半天书包，也没找到一张纸巾，反倒发现了更倒霉的事——豆浆漏了。书包里的东西湿了一大片。

他尴尬又无助地抬头看了看周围的乘客，期待有好心人关注到他，能送他一包纸巾，擦擦可怜的书包。

可惜，车上的人有的在看书，有的在看手机，根本没有人注意到他的情况。

"要不主动点儿？可是，该怎么开口啊？会被笑话的吧？太狼狈了！"子涵想。

"孩子，你的手怎么了？"突然，坐在子涵后面的一位奶奶问道。

子涵有点儿意外，说："我……我摔了一跤……"

"这么不小心！快，我给你擦一擦。"奶奶拿出一张纸巾。

"谢谢您！"子涵不好意思地说，"奶奶，能不能再给我一张？我书包里的豆浆漏了……"

"啊，这包纸巾你都拿去……哎哟，书都湿透了！"奶奶一边帮子涵收拾书包，一边说着。

这时，旁边的一位大姐姐掏出了消毒湿巾，帮子涵擦拭手腕："你刚才怎么不说话呢？我看你好像遇到了麻烦，但没注意到你手受伤了，不确定你是不是需要帮助。"

一位阿姨从包里拿出一个塑料袋，把摔漏的豆浆杯给兜住了。

在大家的帮助下，子涵摆脱了那杯倒霉的豆浆，伤口也处理了，顺利到达了学校。

独立解决问题的能力很重要，但总有我们自己做不到的事情，此时选择开口求助，一点儿也不丢脸。正如阿德勒爷爷所说，"沉默换不来别人的帮助"。绝大多数时候，如果你自己不说出来，别人很难猜出你的心思，也根本不知道你需要帮助。

你不愿开口求助的原因，可能是不好意思求助，或者害怕被拒绝吧。实际上，大多数人遇到别人求助时，只要是自己能做到的，一般都不会拒绝。即使你被拒绝了，也没关系呀，再求助一下其他人，或者再想想别的办法就是了。此外，反过来想一想，如果别人请你帮忙，你也会伸出援手的是不是？

他是不是被捆住了？我们要不要帮帮他？

我也不知道……可他没有喊救命呀，也许只是在荡秋千呢？

他怎么了？好像不太好啊！我们要不要帮帮他？

他这么安静，可能心情不好，想自己待一会儿吧，我们还是不要打扰他。

他们怎么走了？看不出来我被捆住了吗？

我……我没事。

不开口说，别人怎么知道你需要帮助呢？

156

为什么他们不问我是不是需要帮助？唉，我可怜死了……再有人过来，我……我一定开口求助！

真是太谢谢你了！终于有人来救我了！

我看到其他小动物经过这里你都没出声，还以为你玩得很开心……

小猴子，你需要帮助吗？

喂，喂，长颈鹿！

以后再遇到这样的事，你就大喊"救命"，这有什么可丢脸的？

我……我就是觉得有点儿丢脸嘛。

是的是的，我需要，我需要帮助！

嗯嗯，我以后一定会的！

开口求助，一点儿都不丢脸。

团队协作中，不要总是等着别人主动

和同学们进行组队活动时，你是安静被动的，还是积极主动的？无论你平时是什么样的性格，在团队协作中，最好不要总是等着别人主动。

让他俩想办法吧，我先睡一觉。

等他俩想出办法就行动，我先把指甲磨好。

阿德勒说了什么

总得有人带头才行。

就算没人在意,也没人认同,总之,"由你"开始做起就对了。

最近，学校组织"清理垃圾，保护地球"的小志愿者服务，号召大家帮忙清理学校附近一处景区的垃圾。豆丁和几个同学一组，负责山上的一片树林。

一开始，清理工作进行得很顺利。大家一手拿个大垃圾袋，另一只手捡垃圾。不过，走着走着，他们发现了一堆没法儿"捡"的垃圾。

那是用塑料袋装着的一大包垃圾，被扔在一处斜坡上的灌木丛后面。斜坡有点儿陡，每个人都小心地爬上去试了试，发现垃圾袋很重，一两个人根本挪不动，要是几个人联手，又有点儿危险。

"这可怎么办呀？"豆丁说。

没人应声，豆丁看了看大家，发现有的同学低着头在整理自己的垃圾袋，有的同学无聊地走来走去，有的干脆坐下来喝水，趁此机会休息一会儿。大家都在等着有人能想出个办法。

豆丁看着那包垃圾，突然想到一个主意。他正想说出来，可是转念一想："别人都不吭声，我这么做，会不会太出风头？"

豆丁继续等着，希望有人能出面解决问题，这样他就不用纠结了。可是又等了一会儿，还是没人说话。有人已经打算放弃这里，准备去捡别处的垃圾了。

"我想到个主意！"豆丁豁出去了，其他人都看着他。豆丁有点儿紧张，但还是把办法说了出来。

他建议大家站在斜坡上连成一排，最前面的那个人把塑料袋拆开，从里面掏出垃圾，一部分一部分地往下传递，用这种方式把那包垃圾"运送"下去。豆丁还表示，自己愿意站在最上面扶着垃圾袋，以免它掉下去。

大家按照豆丁的方法，没用多长时间就成功将那一大包垃圾处理干净了。大家都很兴奋，感觉一起干了件很厉害的事情。

这次活动结束后，豆丁和其他几位同学获得了团队协作奖。

团队协作是一群人一起做某件事，每个人都应该主动发挥自己的作用。如果大家都只等着别人来计划、安排，等着别人告诉自己该做什么才去做，那么这件事就很难完成。当遇到麻烦，没有人愿意出面时，你不妨回想一下阿德勒爷爷的这句话："总得有人带头才行。"鼓励自己，勇敢一些，主动做"起头的人"。

在团队中做"起头的人"，需要主动地去处理问题，让这件事更好地完成。所以，当伙伴们遇到困难的时候，你不要只顾埋头做自己的那份任务，也要主动为别人提供力所能及的帮助。不要怕"出风头"，也不要怕做错，在团队协作中，积极主动很重要，即使失误，也好过什么事都等着别人。

老三,不急,不急,先睡一会儿,保存体力。

这里黑漆漆的,我们得想办法出去吧?

对,不急,不急。

他们俩应该有办法出去吧?

老三最聪明,总有办法的吧?

他们俩怎么就不着急呢……

二哥好像在琢磨出去的法子。总不至于就这么一直待在这里吧。

沙沙

沙沙

在团队中,做什么事都主动一些,不要总被动地等着别人。

勇敢一些，主动做带头的人。

做一个乐观的人，而不是乐天派

爸爸妈妈和老师们一定都告诉过你，要保持乐观的心态。那么，什么是乐观呢？仅仅是"凡事都往好的方面想"就叫"乐观"吗？

阿德勒说了什么

有勇气的乐观之人,不会钻牛角尖想着已经过去的事,也不会对未来惴惴不安,只专注于当下能做的事。

乐观并非乐天派。毫无根据、没有做足准备、一派天真的人并非乐观之人,而是乐天之人。乐观是指有根据、做足准备的人。做好悲观的准备,却采取肯定的行动,这就是乐观。

急死了！芊芊急得满头大汗，她和表妹叶子居然跟爸爸妈妈走散了！

今天是芊芊和叶子的父母带孩子们来主题乐园游玩的日子。新开的这家游乐园超级大，项目也多，吸引了很多游客，里面人山人海，服务处时不时就发广播提醒大家注意安全，不要与同伴或家人走散。

"人这么多，我们怎么找他们呢？"芊芊皱着眉头想办法。

"按原路返回就行了呗，肯定是我们走太快，他们跟丢了。"叶子倒是没那么着急，她说着就开始往回走。

"先别急，"芊芊拉住叶子，"万一我们原路返回，他们却去别的地方找我们了呢？"

"放心！他们有四个人呢，我们总能碰到其中一个吧？"叶子说。

"那不一定，"芊芊打开游客指南里的地图，"你看，这边有六七条路呢，我们能碰上的概率很小，没准儿会走得越来越远。"

"你别这么悲观嘛！我运气一向很好，放心吧，跟着我，不会遇到那种情况的！"叶子说。

芊芊拗不过叶子，又怕跟叶子也走散，只好跟上她。两人急匆匆地走，芊芊边走边皱着眉看地图。叶子看看她，笑着说道："瞧你急的，相信我，我方向感最好了，运气也一向不错，一会儿肯定能碰到他们！"

然而，幸运之神没有降临到叶子身上。乐园里挤满了游客，两个人走到脚痛也没碰见爸爸妈妈。

这时候，一向乐观的叶子也颓废了，苦着脸坐到路边。

"坚持一下，我们再走几步就能找工作人员帮忙了。"芊芊给叶子打气说。原来，她刚才一直在地图上找咨询服务处。

"那有什么用啊！"叶子几乎要哭出来，"我快累死了，走不动了！"

"除了用广播寻人，工作人员应该还有别的方法。我们现在只能这么做了，来吧，试试看。如果还是不行，我们再想办法。"芊芊说。

芊芊拉着表妹继续走，总算找到了服务处。她刚准备请工作人员进行广播寻人，就发现爸爸妈妈也焦急地走了进来。原来，他们也以为俩孩子就在附近，可转了好几圈也没找到，最后只能来到景区服务处求助工作人员。

乐观并不等于凡事都往好的方面想。如果遇到糟糕的情况，却还无视困难，强行说好，那不是乐观，而是自欺欺人。

阿德勒爷爷认为，真正的乐观是指在心里做了最坏的打算，但在行动上依然积极努力，尽力做到最好。也就是说，明知最终也许会失败，但也不放弃成功的可能性。

故事中的表妹叶子是个乐天派，而芊芊遇事做好最坏的打算，积极思考并尽力解决问题，这才是乐观。

> 那有什么用啊！我累死了，走不动了！

> 情况好像不太乐观。

> 相信我,用不了多久就能喝到水了!

> 快看,我说什么来着,前方有个村子!

> 哪有什么村子,是海市蜃楼……嗯,倒是挺美的!

无视困难,强行说好,只是自欺欺人,不是乐观。

做好最坏的打算，但仍努力、不放弃，这才是真正的乐观。

大家都是从一次次失败当中成长起来的

"失败是成功之母",这句话你也许都已经听腻了,但是,你真正理解这句话的含义吗?

失败了!我不想做了!

阿德勒说了什么

人只能通过失败来学习,借由失败的经验,守护自己"想要改变"的决心。

小树给自己制订了一个新计划：从这学期开始，好好练字！

起因是前两天老师请小树帮忙收同学们的语文试卷。平时不跟人比较没感觉，一比较，他才发现，他那难看的字迹，在一众试卷中显得格外扎眼。

"怎么这么丑啊……我一定要让我的字变好看！"小树暗下决心。他相信，只要认真练习，没多久就能写出一手漂亮字。

然而，事情似乎没有那么简单。小树每天练字半小时，练了快两个月了，字虽然有了变化，却还是有点儿歪歪扭扭的，就是做不到横平竖直。

这天晚上，他练着练着，突然一把将面前的练字纸揉成团，扔进了纸篓。

"我看我就是写不好了！"小树懊恼地瘫在椅子上，"不练了，再也不练了！放弃！"

不一会儿，小树爸爸走进小树的房间，看到沮丧的小树，还有桌面上和地板上的废纸团，没说话，捡起一张展开来，笑了笑说："哎哟，不错啊，有进步！"

"爸爸你什么眼神？不是不错，而是很烂才对……"小树说。

爸爸看着废纸上的字继续说："你这个'儿'字啊，左边一笔写得太长了，比右边高太多，你让它俩一样高就好看了……你要不要按我说的，再写一个试试？"

小树犹豫了一下，端正了坐姿。

"你就比着你之前写的'儿'，在旁边再写一个。对，再短点儿……

行，比着写，两边对齐……对啦！"爸爸在一旁指导小树，"看！这回写的是不是好多了？"

小树看了看新写的这个"儿"字，露出点儿笑容："是好看多了……"

"你可别再扔掉你那些'丑字'了，"爸爸说，"你不仔细看看它们，怎么知道要改进什么地方呢？好多人都是写了无数个'丑字'之后，才写出漂亮字的。"

小树重新开始练字了。

这回，他认真地保留了每一张练字纸。每次写完后，他都会仔细地观察那些不满意的字形，看问题究竟出在哪儿，然后重新写一次。为了写好某个字，他会把那个字反复练习好多遍。

失败让人沮丧。但是，如果一直害怕失败，你就彻底失去了变好的机会。即使是天才，也是在经历了很多次失败后，才能取得成功，更不用说普通人了。

我们要正确认识失败。不管做什么事，都是在积累了一定的经验之后才能做得更好，而失败就是最宝贵的经验。有了这样的心态，失败就不会再轻易让你感到沮丧了，而是会让你更加坚定。鼓励自己下次不要再犯同样的错误，你会一次比一次做得更好。

> 不做了，我做了那么多个，没有一个成功的！

> 没关系，还有新材料呢，你再试试吧！

> 我觉得你有进步啊！你再试试嘛，多做几次，就越做越好了。

> 你会这么说，都是因为你聪明，很容易就学会了……

害怕失败，会失去变好的机会。

哈哈，你还做过这么难看的东西呀？

是啊，这是刚开始的时候做的。

一点儿也不容易啊，你看看我做失败了多少个？

你为什么还留着那些失败品呢？我都不想看我做的那些，太丢脸了。

都是我做的呀。失败了也是我做的，而且，研究失败品，才能在下一次做的时候不犯同样的错误。

啊？我没想到你……

失败了，可不许发脾气哟！

好吧，那我再试试！

从失败中汲取宝贵经验，争取下一次做得更好，终会取得成功。

与其逃到安全地带，不如勇敢面对

有时候，因为害怕失败而不敢面对，我们宁愿假装自己生病了。但是，生病只能帮你逃避一时。与其逃跑，不如勇敢面对。

我要不偷偷洗个冷水澡吧……这样我就会发烧，明天就不用参加森林运动会了！

阿德勒说了什么

人们有时为了逃避失败，会捏造自己生病一事。以此为借口躲进安全地带，图一时轻松。

芊芊从小喜欢阅读，语文成绩不错，作文也写得不错。她成功通过了学校的作文竞赛选拔考试，但要想代表学校参加全市的比赛，还要经过一轮复试，学校只选拔成绩最好的十名同学。

为了进入复试，芊芊满脑子都是作文，恨不得压缩一切时间用来提高写作技巧。可是，复试的时候，芊芊有点儿紧张，作文写得有点儿不尽如人意，很遗憾，只拿了第十一名。

这让芊芊十分懊丧："我怎么这么没用啊，哪怕再多得一分，也能进大名单啊！"

晚上吃饭的时候，芊芊食不下咽，妈妈知道她是因为作文比赛的事难过，于是心疼地安慰她："别难过了，尽力就好了呀，虽然是第十一名，但是你想想，全校参加初选的就有一百多人呢，你已经很厉害了。"

"我知道啊，可是，就差一名！真是丢脸……"

"顶多是有点儿遗憾，有什么丢脸的啊？"

"哎呀，妈妈，你不懂。明天学校就正式公布最终名单了，我一想到同学还有老师们看我的眼光，我就吃不下饭。"芊芊把筷子放下，越说越吃不下了。

"你是第十一名，还有第十二名、第十三名，甚至第五十名呢。难道人人都像你一样吃不下饭啊？"

芊芊心底里是认同妈妈的，可是，一想到要面对榜单和大家的各种眼光，她就高兴不起来。在妈妈的注视下，她勉强拿起筷子，愤恨地夹了一块辣椒，心想："辣椒吃多了拉肚子就不用上学了吧？"

妈妈一筷子拦住芊芊，说："辣椒吃多了会拉肚子的！你这孩子……"

"拉肚子就不用去上学了吧……"

"芊芊你要记住，一次落榜说明不了什么，人生得经历多少次考试啊，这一次你拉肚子躲避了大家的目光，下一次呢？难道每次都逃跑吗？"

"我……"芊芊重新拿起筷子，"妈妈你说得对。我好好吃饭。"

"这才对嘛。"妈妈笑着夹了一块鸡腿肉给芊芊。

第二天上学后，芊芊发现学校只公布了十人晋级名单，其他落选者都获得了入围奖。这着实让芊芊松了一口气，她看到别人都跑去祝贺晋级的同学了，呼了一口气："看来妈妈说得没错，根本就没有人关注我，只有我自己太把这件事当回事了！"

我们每个人从咿呀学语到读书认字，再到写几百字的作文，这中间不知要经历多少次不理想的成绩，甚至是失败。但是失败就是失败，并不会因为我们逃避而消失。

所以，与其陷入失败的情绪中难以自拔，还不如勇敢地面对失败，也诚实地面对自己的内心，然后及时调整心态，吸取失败的经验教训，加倍努力，在下一次考验来临之前，做好充分准备。

> 自己光顾着纠结了，其实应该好好恭喜晋级同学，更应该加油，争取下一次做得更好。

不要为自己的逃避找借口，这不能解决根本性的问题。

只有正视问题，努力尝试改变，才能真正解决问题。

与其追究"谁错了"，不如把时间花在解决问题上

大家一起做一件事的时候，或许就会出现有人做得好，有人发挥失常的情况。这时候，指责谁做错了，只会惹得对方不开心，也耽误整体进度，这样做没有任何意义。

都怪你磨磨蹭蹭的，不然我们早到医院了！

怎么能怪我呢？担架坏了我得修呀，要怪也是怪你出门前没有提前检查！

阿德勒说了什么

我们无法改变过去与别人，但可以从现在开始改变未来与自己。

追究"到底是谁错了"是没有用的，与其花时间和心力追究"到底是谁错了"，不如把精力花在解决未来可能遇到的问题上更有意义。

这周，老师布置了新的小组实验作业：观察并记录绿豆发芽的过程，写一份实验报告。

作业刚布置下来，小美就兴致勃勃地开始准备了。作为小组长，她需要分配好组里每个同学的任务。按计划给大家分配好任务后，大家就各司其职地开工了。

头几天，一切都很顺利，镜头下的豆子一天一个样，变化不断，没多久就钻出了小尖芽。可是这之后，豆芽就像泄了气似的萎缩了，小嫩芽也停止了生长。没过多久，竟然全都蔫死了。

在其他小组都即将完成报告的时候，小美和几位同学却在发愁：他们的豆芽还没长出来就死了，这实验报告可怎么写啊？

"慧慧，是不是你忘了浇水啊？"小昊问道。

"我每次浇水的时候，小杰都在旁边拍照存档呢。他能证明，我绝对是按要求做的。"慧慧说，"是不是小宇没控制好温度啊？"

"我是用温度计测温的，就算是我没控制好，那也是因为温度计有问题。"小宇有点儿不高兴地说。

"温度计都用了那么多次了，不可能刚巧就这次有问题，"欣欣想了想，犹豫地说，"是不是小昊买的豆子不好啊？"

"我买的豆子不好？那是我在超市买的最贵的豆子！"小昊皱着眉嚷嚷道。

大家越说越烦躁，差点儿就吵起来了。

"好了好了，都别说了，有什么意义嘛！你们这么争下去，这豆子也不会发芽啊！我们现在要做的，是跟老师说明情况，重新做这个实验。而且，大家都为能顺利完成实验报告做了努力，就不要互相指责了。"小美说道。

听完这话，大家慢慢冷静了下来。

把时间和精力用来查找发芽失败的原因后，大家不再追究是谁的责任了，而是更专注于实验过程。

几天后，新实验的豆子顺利发芽，不断生长，直到最后长出了绿叶。大家不仅成功记录下了绿豆芽的生长数据，也收获了各自宝贵的成长经验。

生活里常常会出现让人沮丧的事，比如，周末外出游玩计划意外泡汤，学习小组做实验失败，运动会团体比赛输了……这时，我们很容易指责"这都是因为XXX没做好造成的"。然而计较到底是谁的错，根本无法改变结果，只会让大家都不开心。

此外，一件事的结果不好，常常是由很多因素造成的，并不一定是某个人的错。就算某个人做错了，我们再怎么责怪他，也改变不了结果。不如就把时间和精力花在如何解决问题上。等到最终大家一起解决了困难，再回过头来研究过去失败的原因也不迟，也能避免今后再次犯同样的错误。

追究谁错了对问题的解决没有任何帮助。

集中时间和精力解决眼前的问题，才是当务之急。